두근두근
수학 공감

권오남 기획 | 권오남, 박지현, 박정숙, 오혜미, 나미영, 이지은, 조형미, 오국환 지음

해나무

수학, 마음으로 가져라

"저는 수학을 좋아하는데 수학이 저를 싫어합니다. 수학을 어떻게 공부해야 하나요?"

어느 고등학교 강연에서 한 학생이 제게 던진 질문입니다. 어떻게 하면 수학에 대한 짝사랑을 쌍방향의 사랑으로 발전하게 할 수 있을까요? 저희 팀은 이 질문에 대한 답을 수학 학습에 필요한 11가지 수학적 사고법에서 찾고 있습니다. 그리고 이 학습 방법을 머리뿐만 아니라 가슴으로 공감할 수 있는 재미있는 이야기 형식으로 구성했습니다. 많은 독자가 수학의 냉철함 속에 스며들어 있는 따스한 인간미를 발견하기를, 수학을 친구처럼 친근하게 느끼길 바랍니다.

이 책에서는 11가지 수학적 사고법을 수학적 문제 해결, 수학적 의사소통, 수학적 추론으로 분류하여 제시했습니다. 이 책을 읽을 때 혹시라도 길을 헤맬 독자들을 위해 머릿속에 꼭 담아두었으면

하는 메시지를 아래에 적어두었습니다. 이들 메시지가 수학에 대한 방향 감각을 일깨우는 지도地圖가 되길 희망합니다.

첫째, 끊임없는 호기심으로 주변을 관찰하면 많은 사건 속에 수학이 보이고, 수학으로 그것을 해결할 수 있습니다.

둘째, 선택하거나 의사결정을 내리는 상황에 수학이 있습니다. 수학으로 배려하는 '의사결정의 가치'를 느껴보세요.

셋째, 주어진 문제를 해결하고 답을 구하는 것 못지않게 중요한 것은 새로운 문제를 제기하는 것입니다. 스스로 문제를 만들어 해결하는 공부의 주인이 되세요.

넷째, 수학의 정의definition는 수학자들이 오랫동안 사고하고 합의한 결과입니다. 혼자가 아닌 동료와 함께하는 수학의 힘을 느껴보세요.

다섯째, 수학도 오래 보아야 예쁘고 사랑스럽습니다. 꽃에 꽃말을 붙이는 것처럼, 수학에도 관심을 갖고 의미를 붙여가면 수학을 더 친근하게 받아들일 수 있습니다.

여섯째, 세상은 온통 데이터입니다. 데이터를 정확하게 이해하고, 또 알기 쉽고 정직하게 표현하기 위해 수학이 꼭 필요합니다.

일곱째, 이야기의 힘! 스토리텔링으로 수학을 익히면 어려운 수학 개념과 그 관계들이 드라마의 줄거리처럼 이해됩니다.

여덟째, 패턴 찾기와 패턴 만들기 학습은 관찰, 패턴 추측, 증명과 확인의 과정을 통해 우리 주변에 숨겨진 수학을 찾을 수 있습니다.

아홉째, 개념들 사이의 관계를 이해함으로써 수학을 생각하는 다양한 관점에 대해 알게 됩니다.

열째, 올바른 원리를 따라가다 보면 어느새 수학을 즐기는 자신을 발견하게 될 것입니다.

열한째, 수학에도 '감수성'이라고 부를 만한 고유의 감각이 있습니다. 이러한 감수성을 통해 수학적 직관을 길러보세요.

이 책이 나오기까지 꽤 여러 과정을 거쳐야 했습니다. 저희 팀 선생님들이 모두 참여한 한국과학창의재단의 연구과제 〈수학과 교육영역 창의·인성 교육 수업모델 개발 연구〉는 이 책의 뼈대가 됐습니다. '가르치는' 관점에서 집필된 연구 결과물을 '배우는' 관점으로 재구성하는 데에만 꼬박 2년여의 세월이 걸렸습니다.

어떤 삶을 살 것인가, 어떤 전공을 선택할 것인가, 하는 고민을 외면하지 않고 도전 정신을 가지고 '사람이 적게 간 길'을 선택하려는 용기와 호기심을 가진 청소년들에게 수학이 고통이 아니라 도약대가 되길 바랍니다.

권오남

차례

머리말 **005**

1부 두근두근 수학적 문제 해결

1장 수학 돋보기로 세상을 보다 **012**
2장 선택의 기로에 선 수학 **036**
3장 넌 문제 해결자? 난 문제 출제자! **064**

2부 두근두근 수학적 의사소통

4장 내가 직접 수학을 정의한다 **092**
5장 수학아, 내 안에 너 있다 **114**
6장 세상은 온통 자료다 **136**
7장 스토리텔링으로 수학하기 **160**

3부 두근두근 수학적 추론

8장 나만의 패턴 만들기 **184**

9장 수학 관계를 네트워킹하라 **208**

10장 수학의 원리를 찾아서 **232**

11장 감수성이 풍부하면 수학을 잘한다? **252**

수학 공감 플러스   스스로 해봐요 예시 답안 **281**

감사의 말 **298**

찾아보기 **300**

1부

두근두근
수학적 문제 해결

1장
수학 돋보기로 세상을 보다

현상을 정리하는 수단, 수학

 누구나 잘 알고 있는 〈토끼와 거북이〉 이야기에 숨은 또 하나의 이야기가 있습니다. 사실 토끼는 끈기 있고 성실한 거북이를 좋아하고 있었어요. 느릿느릿한 자신을 자책하는 거북이의 모습을 본 토끼는 마음이 아팠고, 누구보다 성실한 거북이에게 용기를 주고 싶었지요. 토끼는 '어떻게 하면 거북이에게 용기를 줄 수 있을까?'를 고민했어요. 그러고는 거북이에게 경주를 신청하기로 했습니다. 그 뒤 이야기는 알고 있지요? 토끼는 이 경주에서 거북이가 이길 수 있

수학 교과서	1장에 사용된 개념
중학교 1학년	평면도형, 입체도형
중학교 2학년	일차함수
고등학교	로그, 확률, 통계

는 방법을 고민했어요. 어디서 얼마나 기다려야 거북이가 자신을 추월해갈 수 있을지를 생각했을 거예요. 토끼의 고민을 해결하기 위해 토끼가 알아야 하는 것은 무엇일까요?

경주를 신청한 날 밤 토끼는 거북이와 경주를 하기로 한 언덕의 거리를 쟀고, 낮에 본 거북이를 상상하며 거북이의 걸음 속도를 추측했어요. '좋아, 경주를 시작하기로 한 지점부터 언덕 꼭대기까지는 1.2km이고, 나는 분당 20m를 갈 수 있어. 거북이는 분당 5m 정도 갈 수 있을 거야. 그럼 내가 어느 지점에서 얼마나 머물러야 거북이가 나를 추월할 수 있을까?'

우리가 알고 있는 수학을 이용해 토끼의 고민을 함께 해결해봅시다. 거북이는 성실하고 꾸준하기 때문에 언덕 꼭대기까지 쉬지 않고 달려갈 거예요. 거북이가 언덕 꼭대기에 오를 때까지 걸리는 시간은 다음과 같이 구할 수 있어요.

$$1200m \div 5m/분 = 240분$$

만약 토끼가 쉬지 않고 언덕 꼭대기까지 단숨에 오른다면, 이때 걸리는 시간은 60분이지요.

$$1200m \div 20m/분 = 60분$$

그렇다면 토끼와 거북이 각자가 완주하는 데 걸리는 시간의 차이는 240분에서 60분을 뺀 180분, 즉 3시간이 됩니다. 따라서 토끼는 다음과 같은 전략을 세울 수 있습니다. "경주를 시작해서 내가 40분간 쉬지 않고 달리면, 20m/분×40분=800m 지점에 도달하고, 그때 거북이는 5m/분×40분=200m 지점에 도달하겠지? 그러면 나와 거북이는 600m 정도 차이가 날 테고, 그 정도 떨어진 거리라면 거북이 눈에 내가 보이지 않을 거야. 그때 낮잠을 자는 척하고 3시간쯤 기다리면 거북이는 결승점 근처에 도달할 테지. 그러면 거북이가 용기를 가지겠지?"

위에서 본 토끼의 고민처럼 주변에서 일어나는 일들을 수학적으로 보고 해결할 수 있어요. 더 크게는 사회 현상이나 자연 현상의 문제를 수학으로 해석하여 해결할 수도 있어요. 역사적으로도 수학은 문제를 해결하기 위해 주변 현상을 정리하는 수단으로써 발전해 왔지요. 예를 들어, 고대 이집트인들은 범람하는 나일 강 주변의 비옥한 토지를 분할하기 위해서 또는 피라미드의 높이를 재기 위해서 닮음의 아이디어를 사용했어요. 실제로는 너무 커서 한눈에 가늠할 수 없는 대상을 작은 단위로 축소시켜 생각한 것이지요. 즉, 측정해

피라미드 높이 : 피라미드 그림자 길이 = 막대 길이 : 막대 그림자 길이

피라미드 높이 = (피라미드 그림자 길이 × 막대 길이) / 막대 그림자 길이

야 할 거리가 10km라면 10cm로 그려 생각해보는 겁니다. 그러면 한눈으로 볼 수 있어 전체적으로 조망할 수 있게 됩니다. 이러한 생각은 건축물을 만들기 전에 설계 도면이나 모델을 만드는 것에도 그대로 적용됩니다. 실제 건축물이 세워졌을 때 높이를 그대로 축소하여, 같은 비율로 축소된 모델을 만들어보고, 그것으로 디자인을 수정하거나 문제점을 보완하기도 합니다.

로그log 역시 굉장히 큰 수를 다루기 위해서 만들어졌습니다. 특히 천문학에서 '천문학적인 수'를 다루는 경우에 로그를 이용하여 지수 연산을 하고, 결과 값이 나오면 원래 수의 형태로 복귀시켜 생각합니다. 예를 들어, 우리 눈으로 확인할 수 있는 가장 가까운 안드로메다 은하는 250만 광년 떨어져 있습니다. 광년光年은 우주에서 먼 거리를 나타낼 때 쓰는 단위로, 한자를 뜻풀이하면 '빛의 해'가 됩니다. 즉, 이 단위는 빛이 1년 동안 가는 거리를 뜻하지요. 빛은 1초에 약 300000km를 움직이는데, 실제 1년은 31536000초(=365일×24시간×60분×60초)이니까 1광년은 다음과 같습니다.

$$1광년 = 300000 \text{km/s} \times 31536000 \text{s} = 9460800000000 \text{km}$$

1광년만 해도 km로 환산하면 조 단위가 되는데, 지구에서 250만 광년 떨어져 있다는 안드로메다 은하와의 거리를 km로 표시하면 23652000000000000000km가 됩니다. 이 수를 읽는 것도 힘들지요. 정말로 '0'이 많이 붙어 있거든요!

이처럼 큰 단위의 수를 편리하게 다루기 위해 로그를 사용하게 됐습니다. 로그 연산은 결국 지수의 연산이에요. 위와 같은 수를 2.3652×10^{19}으로 쓸 수 있고, 여기에 로그를 붙이면 다음과 같이 손쉽게 계산할 만한 수가 됩니다.

$$\log 2.3652 \times 10^{19} = \log 2.3652 + \log 10^{19} \fallingdotseq 0.3739 + 19 = 19.3739$$

현대 사회의 여러 분야에서 수학이 각광받는 이유도 사회·자연 현상의 문제를 해결하는 데 아주 중요한 역할을 하기 때문이에요. 물리학, 화학, 생명과학 등 자연과학 분야와 컴퓨터공학, 전기전자공학 등 공학 분야에서는 수학을 언어로 사용합니다. 수학을 금융 산업에 적용해 주가의 변화를 예측하기도 해요. 실제로 세계 증시의 중심, 뉴욕 월 가Wall Street에서 수학자들은 여러 가지 변수를 고려해서 투자 가격을 계산해내고 있습니다.

학교의 수학 수업은 교과서 단원에 맞추어 진행되기 때문에 그 자리에서 배운 것을 즉각 이용해서 문제를 해결하는 경우가 많아요. 어떤 개념을 써야 하는지 고민할 겨를도 없이 어제 배운 것, 바로 직전에 배운 것을 적용하면 해결되는 경우가 많지요.

하지만 사회 현상과 자연 현상의 문제를 수학적인 관점으로 해결하는 과정은 자신이 사용할 수 있는 수학적 개념들을 선택하는 것에서부터 출발합니다. 이것은 이미 '무엇을 적용하면 해결될 거야'라는 생각으로 문제에 접근할 수 없다는 거예요. 어떤 문제들은 전혀 수학적인 문제가 아닌 것처럼 보이기도 하거든요. 문제를 수학적인 관점으로 해석한 후에 해결 방법을 선택하고, 선택한 방법이 효과적인지 판단하고, 비판적으로 평가하지요. 해결 과정에서 문제를 해결 가능한 상황으로 만들기 위해 의도적으로 단순화하거나 변형하기도 해요.

스스로 사용할 지식을 선택하고, 적용하고, 문제를 변형하는 과정에서 수학의 실용성을 느낄 수 있어요. 이러한 수학적 지식을 주체적으로 활용하는 경험을 통해 새로운 현상을 접했을 때 두려워하지 않고 해결할 수 있는 도전 의식을 키울 수도 있을 거예요.

논리적으로 추정하기

'학교 체육관을 탁구공으로 가득 채우려면 몇 개의 탁구공이 필요할까?', '내 머리카락은 몇 개일까?', '매년 우리나라에서 배출되는 쓰레기의 양은 얼마나 될까?'와 같이 직감적으로 알 수 없는 수치를 자신이 이미 알고 있는 정보를 가지고 어림셈하는 것을 '페르미 추정한 발짝 더 30쪽'이라고 해요. 이탈리아의 유명한 과학자 엔리코 페르미 Enrico Fermi, 1901~1954가 실제로 학생들에게 이렇게 어림잡아 추정하는 문제를 던진 것에서 유래하지요. 페르미 추정은 '봉투 뒷면 계산'이라고도 불립니다. 완벽한 답을 구하는 것이 아니라 근처에 있는 종이 뒷면에 어림셈한다는 의미에서 붙여진 이름이지요. 페르미 추정은 과학 분야에서 물리적인 양을 추정하는 데 활용될 뿐만 아니라, 컨설팅 회사나 외국계 기업의 면접 시험에서 응용 문제로도 나오고, 일반 회사원을 대상으로 두뇌를 훈련시키는 도구로도 이용되고 있어요.

페르미 추정에서 중요한 점은 현상을 해결하기 위해 세상을 잘 관찰해야 한다는 것이지요. 문제 해결을 위해 필요한 정보를 과감히

게 선택하고, 논리적으로 연결하고, 수치화한다는 것입니다.

수학적 용어로 현상 표현하기	복잡해 보이는 현상을 단순화시켜 알고 있는 수학적 대상으로 표현하기
⇩	
문제 해결하기	해결 전략을 세우고, 알고 있는 수학 개념을 이용하기
⇩	
현상에 반영하기	실제 현상에 적용하여, 단순화 과정 및 풀이 과정을 점검하기

1L짜리 병에 땅콩은 몇 개나 들어갈까?

그럼 실제로 '1L짜리 병에 땅콩이 몇 개나 들어갈까?'라는 문제로 페르미 추정을 해봅시다.

1단계. 수학적 용어로 현상 표현하기

첫 번째 단계에서 할 일은 실제 현상의 문제를 수학적인 대상으로 끌어와 생각해보는 것입니다. 수학적으로 분석이 가능하도록 상황이나 문제를 단순화해서 수학적인 상황으로 표현해보는 활동이 필요합니다.

- 1L보다 훨씬 더 작은 부피에 들어가는 땅콩의 수는 몇 개일까? 예를 들어, 주변에 부피가 200mL인 컵에 들어가는 땅콩의 개수는?

- 내가 알고 있는 도형 중에서 땅콩 모양과 가장 비슷하게 생긴 도형은 무엇일까? 땅콩이 원기둥 모양으로 생겼다고 가정하면 어떨까?
- 그 원기둥의 크기는 얼마나 될까? 땅콩의 크기가 새끼손가락 첫 번째 마디 정도 되니까 높이는 2cm, 지름은 1cm 정도로 계산하면 어떨까?

2단계. 문제 해결하기

이제 수학의 세계로 가지고 온 문제를 어떻게 해결할지 생각해보고, 알고 있는 수학적 사실, 규칙 등을 적용해봅시다. 땅콩 한 개의 부피를 계산해 1L 병에 들어가는 땅콩의 개수를 추정하는 전략을 사용하려고 합니다.

먼저 땅콩 한 개의 부피를 계산해봅시다. 땅콩 모양을 원기둥으로 근사하여 원기둥의 부피를 구하면 다음과 같습니다.

$$\pi r^2 h ≒ 3.14 \times \left(\frac{1cm}{2}\right)^2 \times 2cm = 1.57cm^3$$

이 원기둥의 약 80%가 땅콩이 차지하는 부피라고 생각하면 실제 땅콩 하나의 부피는 다음과 같이 구해지지요.

$$1.57cm^3 \times 0.8 = 1.256cm^3$$

따라서 1L 병에 땅콩들을 담을 때 땅콩과 땅콩 사이의 공간을 고려해 병의 약 80%만 땅콩으로 채워진다고 생각하면, 1L 병에 들어 있는 땅콩의 수는 $\dfrac{0.8 \times 1000\text{cm}^3}{1.256\text{cm}^3/\text{개}} ≒ 637$개가 됩니다.

3단계. 현상에 반영하기

마지막 단계는 두 번째 단계에서 얻은 결과를 실제 현상에 적용해보는 것입니다. 실제로 1L 병에 들어가는 땅콩의 개수와 추정해본 개수에서 얼마나 차이가 나는지 실험해본다거나, 이전 단계에서 더 보완할 부분이 있는지 생각해보는 것이지요.

전략을 다르게 세우면 땅콩의 개수를 추정하는 방법은 달라질 것입니다. 부피를 알고 있는 작은 용기 속에 들어가는 땅콩의 개수와 비례식으로 문제를 해결한다면 얻어지는 추정 값은 달라질 것입니다. 이 방법으로 1L 병에 몇 개의 땅콩이 들어가는지 추정해보고, 위에서 얻은 결과와 비교해보세요.

정전 대란을 막을 방법은?

처음에는 수학적으로 보이지 않던 사회·자연 현상의 문제를 수학 돋보기로 잘 관찰하면 수학으로 변환시킬 수 있습니다. 그리고 해결 전략을 찾아보는 것이지요. 문제를 해결하기 위해 그래프나 도표로 표현하거나, 시뮬레이션을 하는 등 다양한 전략을 사용할 수

2011년 9월 15일 정전 사태로 불 꺼진 아파트

있습니다. 마지막으로 다시 현상에 적용하여 재해석함으로써 문제에 대한 결론을 내릴 수 있습니다.

 2011년 9월 15일, 전국적으로 사상 초유의 정전 대란이 발생했어요. 전기는 저장하기 어렵기 때문에 수요에 맞추어 그때그때 공급할 전력을 생산해냅니다. 그런데 당시 전기 수요가 발전소가 감당하지 못할 정도로 급증하자, 전기 공급량을 초과하지 않도록 수요를 조절하기 위해 단전을 시행한 것이지요. 갑작스러운 단전으로 자가 발전기가 없는 일부 산업단지나 상가 및 주택단지는 속수무책으로 피해를 입을 수밖에 없었습니다. 이러한 정전 대란이 일어난 원인 중 하나는 전력 수요량이 최대로 치솟을 오후 3시경 전력량을 제대로 예측하지 못했기 때문이지요.

1단계. 수학적 용어로 현상 표현하기

먼저 2011년 9월 15일 최대 전력 수요량*을 예측하는 데 고려해야 할 요인들이 무엇인지 살펴봤더니, 2011년 9월 15일 무렵 최대 전력 수요량과 최고 기온의 변화가 요인으로 꼽혔습니다. 한국 전력 거래소에서 제시하는 최대 전력 수요량 자료와 기상청에서 제시하는 최고 기온 자료를 각각 그래프로 표현하여 그 특징을 분석해봅시다.

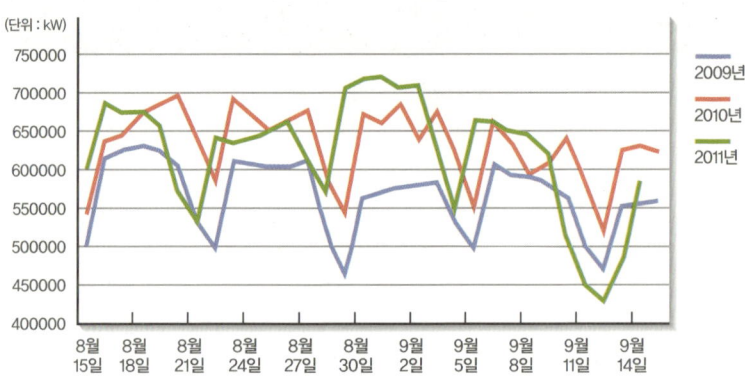

최대 전력 수요량(2009~2011년도, 자료 출처 : 한국 전력 거래소)

위 그래프는 2011년뿐 아니라 2009년과 2010년 최대 전력 수요량을 나타낸 것입니다. 이 그래프에서 찾아볼 수 있는 특징은 무엇

● **최대 전력 수요량** 어느 일정 기간 동안의 1시간 평균 전력이 최대인 전력 수요 값을 말한다. 산정 기간에 따라 1일, 1주일, 1개월, 1년간의 최대 전력 수요량으로 구분하며, 요일, 기후 조건, 기타 전력 소비의 형태 등에 따라 발생 시간대가 다르다. 여름철 최대 전력 수요량은 냉방기기를 많이 가동시키는 오후 3시를 전후한 낮 시간대에 주로 발생하며, 겨울철에는 오후 9시를 전후한 야간 시간대에 주로 발생한다.

인가요?

- 7일 주기로 그래프 곡선이 상승과 하강을 반복한다.
- 매년 최대 전력 수요량은 증가하는 추세이다.
- 2011년 9월 10일~13일 사이의 최대 전력 수요량은 전년도 대비 매우 낮은 편이다.

7일 주기로 그래프 곡선이 상승과 하강을 반복하는 이유는 평일에 비해 주말의 최대 전력 수요량이 급격하게 하락하기 때문입니다. 아마도 주말에는 각종 산업 및 시설들이 운행하지 않기 때문이라고 추측할 수 있지요.

2009년과 2010년은 평일과 주말의 날짜가 비슷하게 진행되어 최대 전력 수요량을 비교하기가 수월합니다. 2010년의 최대 전력 수요량은 2009년에 비해 평일과 주말 구간 모두에서 증가했음을 확연히 알 수 있습니다.

2011년의 최대 전력 수요량 역시 평일과 주말 구간을 분리해서 2010년과 비교해보면 증가했다고 판단할 수 있습니다. 단, 2011년 9월 10일~13일 사이의 최대 전력 수요량은 예외적으로 2009년이나 2010년에 비해 매우 낮습니다. 도대체 그때 무슨 일이 있었던 걸까요? 2011년 달력이 있다면, 그 기간이 주말에 이어서 추석 연휴였음을 금방 확인할 수 있을 것입니다.

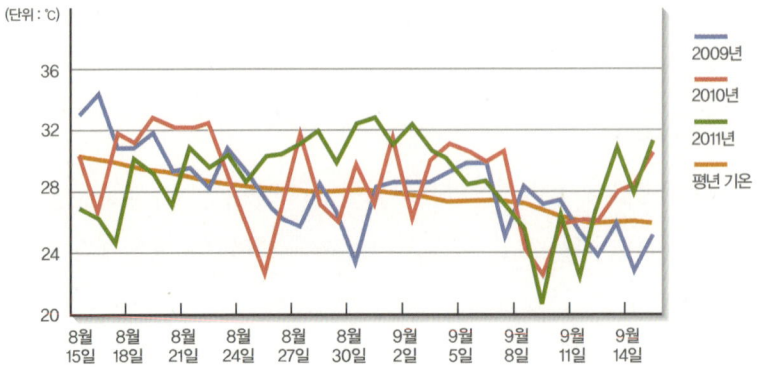

8월 15일~9월 14일 사이 한낮의 최고 기온(2009~2011년도, 자료 출처 : 기상청)

2009년부터 2011년까지, 8월에서 9월 사이의 최고 기온을 나타낸 위 그래프의 특징은 무엇인가요? 특히 2011년에 집중하여 그래프의 특징을 찾아봅시다.

- 2011년 8월 말~9월 초 사이의 최고 기온은 전년도에 비해 높은 편이다.
- 2011년 9월 9일~11일 사이의 최고 기온은 전년도에 비해 낮은 편이다.
- 2011년 9월 15일의 최고 기온은 14일보다 3.2℃ 높다.

최대 전력 수요량과 최고 기온의 변화를 비교해서 최고 기온의 증감에 따른 최대 전력 수요량이 어떤 변화를 나타내는지 알아보려고 합니다. 최대 전력 수요량과 최고 기온을 함께 비교해봤을 때 나타나는 특징을 찾아봅시다.

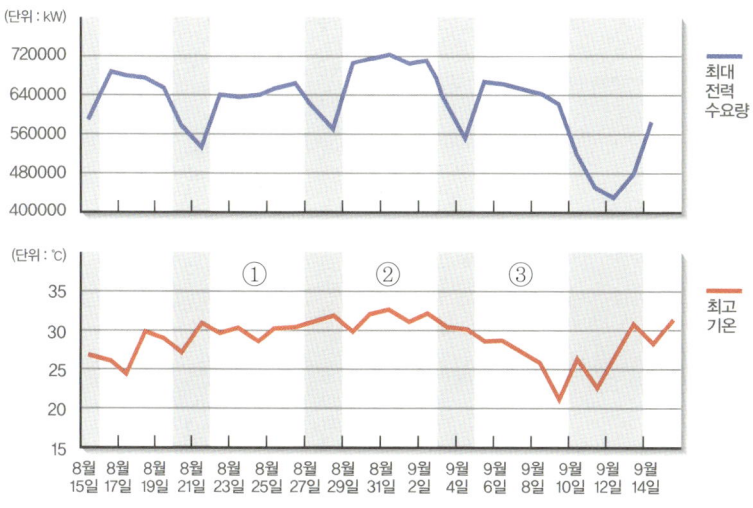

최고 기온의 변화에 따른 최대 전력 수요량의 변화(2011년도)

위 그래프에서 회색으로 표시된 구간은 주말과 공휴일에 해당하는 구간으로, 최대 전력 수요량이 감소한다는 것을 한눈에 알아볼 수 있습니다. 두 그래프를 비교하여 알아낼 수 있는 특징은 무엇인가요?

- 회색 구간을 제외하고 최고 기온이 증가할 때 최대 전력 수요량도 증가하고, 최고 기온이 감소할 때 최대 전력 수요량도 감소

하는 편이다. 그 변화가 가장 확실히 나타나는 경우는 ② 구간이다.
- ①, ②, ③ 구간에서 온도 변화에 따른 최대 전력 수요량 변화율, 즉 $\dfrac{\text{최대 전력 수요량 차이}}{\text{온도 차이}}$ 는 각각 217만kW/℃, 11.76만kW/℃, 55.14만kW/℃이다.
- 2011년 9월 15일을 기준으로 온도 변화가 가장 비슷하게 나타나는 구간은 ① 구간이다.

2단계. 문제 해결하기

이제 관찰한 결과를 바탕으로 온도 변화에 따른 최대 전력 수요량 변화율로부터 2011년 9월 15일의 최대 전력 수요량을 예측해봅시다. 평일이었던 그날의 최고 기온 변화에 따른 평일 최대 전력 수요량 변화가 ① 구간과 비슷하다고 가정하면, 14일의 최대 전력 수요량 5875.4만kW에서 온도에 따라 217만kW/℃씩 증가한다고 할 수 있으므로 15일의 최대 전력 수요량은 다음과 같이 예측됩니다.

$$5875.4\text{만kW} + (217\text{만kW}/℃ \times 3.2℃) = 6569.8\text{만kW}$$

그런데 14일은 추석 연휴 직후였으므로 많은 가게가 문을 열지 않았거나 정상 영업을 하지 않았을 것이고, 평일인 다른 날보다 최대 전력 수요량이 적게 측정됐을 것입니다. 그러므로 14일의 최대 전력 수요량으로부터 증가량을 감안해 예측한 15일의 최대 전력 수요량은 과소 평가됐을 것입니다. 따라서 2011년 9월 15일의 최대 전력 수요량은 위에서 예측한 6569.8만kW보다 조금 더 높을 수도 있습니다.

3단계. 현상에 반영하기

 예측한 결과를 현상에 적용해서 2011년 9월 15일에 발생했던 정전 사태를 다시 생각해봅시다. 그날, 단전을 시행할 때 최대 전력 수요량은 6742만kW였습니다. 방금 예상한 것보다 172.2만kW나 초과 수요량이 발생했지요. 현재 예측한 결과를 좀 더 정교하게 하기 위해서는 어떤 것을 더 고려해야 할까요? 더 장기적인 최고 기온 자료와 최대 전력 수요량의 자료를 분석한다거나 소비 전력의 형태를 세분하여 분석해볼 수 있을 것입니다.

 지금까지의 수학적 사고 과정을 정리해볼까요? 어떤 현상을 수학적으로 탐구하여 문제를 해결하기 위해서는 우선 수학적으로 보이지 않는 것들을 내가 알고 있는 수학적인 대상으로 바꿉니다. 그 다음 그래프로 그린다거나 모형으로 만들어본다거나 그림으로 그려보는 등 다각도로 해결 방법을 모색하지요. 이후에 적절한 전략을 세워 문제를 해결하고 결과를 실제 상황에 적용해보는 것입니다. 이제 단계별 수학적 사고를 실제 상황에 적용해서 주변의 문제를 수학적으로 해결해보세요.

한 발짝 더
페르미 추정

'원자력의 아버지'라고도 불리는 페르미는 특히 물리량을 추정하는 것에 능통했어요. 그가 처음으로 제시했던 페르미 추정 문제는 "시카고에 피아노 조율사가 몇 명이나 있을까?"라고 합니다. 이 문제에 대해 페르미가 한 추정을 따라가볼까요?

시카고에는 약 500만 명이 살고, 1가구 인원이 2명이라고 가정하면, 시카고에는 250만 가구가 있는 셈이다. 대략 20가구마다 정기적으로 조율하는 피아노가 1대꼴로 있다면, 시카고에 12.5만 대의 피아노가 있다고 할 수 있다. 피아노를 보통 1년에 1번씩 조율하고, 이동 시간을 합쳐 조율사가 1대를 조율하는 데 2시간 정도 걸린다고 가정하자. 조율사가 1일 8시간씩 주 5일, 1년에 50주를 일한다고 하면, 1명의 조율사가 1년에 조율하는 피아노 대수는 다음과 같이 간단히 계산했을 때, 1000대가 나온다.

50주/년×5일/주×8시간/일×1대/2시간=1000대/년

결론적으로 시카고에는 대략 125명의 피아노 조율사가 있을 것이다.

실제 이 문제를 낸 페르미 그 자신도 정답은 모릅니다. 어쩌면 정확한 수치를 구할 수 없는 문제일 수도 있지요. 페르미는 이런 문제를 냄으로써 암기에 의한 학습과 정확한 답을 구하는 풀이에만 익

숙한 학생들에게 창의적인 발상과 사고로 문제를 해결하는 기회를 주고 싶었던 것입니다.

다음 제시된 또 다른 페르미 추정 문제를 각자 해결해봅시다.
１ 한 해 우리나라에서 소비하는 석유의 양은 얼마나 될까?
２ 지구의 해변에 있는 모래알의 개수는 모두 몇 개일까?
３ 동해의 물은 몇 L일까?
４ 대동여지도를 그린 김정호는 평생 몇 km를 걸었을까?

삶은 수학
세상에 대한 호기심

수학 돋보기로 세상을 관찰하기 위해서는 먼저 호기심을 가질 필요가 있어요. 호기심을 이야기할 때 앤드루 와일스Andrew Wiles, 1953~를 빼놓을 수 없습니다. '페르마의 마지막 정리'를 증명한 영국의 수학자 와일스는 어렸을 적 도서관에서 우연히 페르마의 마지막 정리를 보고, 언젠가는 그 문제를 풀리라 마음을 먹었다고 합니다. 그때부터 마음속에 일었던 페르마의 마지막 정리에 대한 그의 호기심은 400년간 유수한 수학자들도 해결하지 못했던 그 수학 문제를 해결할 수 있게 했지요.

호기심을 갖는 자세는 수학뿐만 아니라 다른 과목을 공부하는 데도 매우 중요합니다. 독일의 물리학자 페터 그륀베르크Peter Grünberg, 1939~ 교수는 '거대자기저항'에 대한 연구로 2007년 노벨물리학상을 수상했어요. 그륀베르크 교수의 연구 덕분에 우리가 사용하는 하드디스크 용량이 10배 이상 늘어날 수 있게 됐습니다. 그륀베르크 교수는 2012년 4월 18일 한국을 방문하여 과학 콘서트〈세계 속의 과학기술, 노벨상에 도전합니다〉에 출연했고, 이 자리에서 "어떻게 하면 노벨상을 받을 수 있는가?"에 대한 답변으로 한국의 젊은 과학자들에게 다음과 같은 메시지를 남겼어요.

> "호기심을 갖고 연구에 매진하세요. 제가 인생에서 깨달은 점

> 이 있다면, 항상 호기심을 가져야 한다는 것입니다. 호기심을 발동시켜 자기만의 지식을 만들어 나가세요. 요즘은 인터넷 등 매체가 잘 발달해 있으니, 호기심을 통한 나만의 지식 체계를 구축하는 데 이를 적극 활용하기 바랍니다."

호기심을 가지고 관찰하면, 수학으로 표현할 수 있는 현상들이 아주 많아요. SNS의 친구 관계는 그래프로 표현되고, 분수대에서 뿜어져 나오는 물은 포물선을 그리며, 꽃잎의 수는 피보나치수열을 이루지요. 수학을 통해서 호기심을 기르고 또 호기심을 가지고 수학을 한다면, 여러분도 훌륭한 수학자 또는 과학자가 될 수 있을 거예요.

스스로 해봐요

우리 학교 도서관에 있는 책의 수를 알아보고, 3년 동안 학교의 책을 모두 읽기 위해서는 한 달 동안 평균 몇 권의 책을 읽어야 하는지 다음 단계에 따라 추정해봅시다.

❶ 책의 수에 영향을 줄 수 있는 요소들을 〈보기〉에서 고르고 그것을 수치화해봅시다.

> 〈보기〉
> 도서관 책장의 크기, 하루 평균 학생들이 빌려간 책의 수,
> 책의 평균 두께, 학교 학생 수, 책의 높이,
> 도서관 책장의 수, 도서관에 소장된 책의 종류,
> 한 칸에 들어 있는 책의 평균 수

❷ 책의 수를 어떻게 알 수 있는지 전략을 세워봅시다.

❸ 책의 수를 알아보고, 한 달 동안 읽어야 할 책의 수를 구해봅시다.

❹ 실제로 도서관에 몇 권의 책이 있나요? 더 나은 추정을 하기 위해 보완해야 할 점을 생각해봅시다.

2장
선택의 기로에 선 수학

당신의 선택은?

- 아침에 늦잠을 자버렸네요. 앞으로 10분 후면 지각인 상황에서 버스를 탈지 택시를 탈지 고민하고 있어요. 어떤 교통수단을 선택해야 할까요?
- 모처럼 놀이공원에 갔는데 사람이 너무 많아요. '자유이용권'을 끊을지, '입장권'만 사고 타고 싶은 놀이기구의 티켓을 그때그때 끊을지, 너무 고민이 됩니다. 어떤 티켓을 사는 것이 합리적일까요?

수학 교과서	2장에 사용된 개념
중학교 1학년	일차방정식
중학교 2학년	부등식, 확률
고등학교	도형의 방정식, 조건부 확률

- 앞으로 3일 후면 시험입니다. 부랴부랴 공부를 시작하려고 해요. 시험공부 계획을 어떻게 세워야 할까요?
- 어머니께서 학교 주변에 상점을 내려고 하십니다. 어떤 조건을 고려하여 상점의 위치를 정하시는 게 좋을까요?
- 핸드폰을 새로 샀어요. 여러 가지 요금제 중 나에게 가장 적당한 요금제는 어떻게 선택할 수 있을까요?

우리는 생활하면서 소소하게는 '무엇을 먹을 것인가'부터 진로 계획 같은 중대한 결정 사항까지 끊임없이 선택의 기로에 놓입니다.

나에게 어울리는 옷을 고르는 일, 상품의 가격을 매기거나 할인율을 정하는 일, 대통령이나 국회의원을 뽑는 선거 등도 모두 의사결정을 해야 하는 상황이지요. 이런 경우 우리는 이익과 손해를 곰곰이 따지게 됩니다. 이처럼 여러 상황에 직면했을 때 과연 우리는 어떻게 합리적으로 의사결정을 할 수 있을까요?

의사결정^{한 발짝 더 59쪽}이란, 어떤 상황에서 가능한 행동 중에 하나를 고르는 활동입니다. 모든 의사결정 과정은 하나의 선택을 해야 하며, 이 선택의 결과로 어떤 행동 또는 의견이 나오게 됩니다. 즉, 의사결정에서 가장 중요한 요소는 바로 '선택'입니다. 어떤 것을 '어떻게' 선택했고, '왜 그렇게' 선택했는가를 설명할 수 있을 때, 그리고 그 기준이 자신이 만족할 만한 것일 때 합리적인 의사결정을 했다고 말할 수 있습니다. 바로 '어떻게', '왜 그렇게'라는 부분에 수학이 필요합니다.

합리적으로 결정하기

우리가 문제를 수학으로 바꾸어 표현하면 더 합리적인 결정을 할 수 있는 어떤 문제 상황에 놓여 있다고 생각해봅시다. 그러한 상황이 주어지면, 우선 여러 조건을 수학으로 바꾸어 표현하고, 나타날 여러 결과를 평가하면, 합리적인 선택을 하는 경험을 하게 될 것

입니다. 결국 의사결정은 다음 세 단계에 따라 적용해볼 수 있지요.

> 상황 분석하기 ⇨ 수학으로 표현하기 ⇨ 선택하기

첫 번째, 상황 분석하기 단계에서는 의사결정이 필요한 상황을 인식하고 결정에 영향을 미치는 조건을 찾아야 합니다. 이때 의사결정을 위한 중요한 조건, 단서를 찾는 것이 가장 중요하지요. 두 번째, 수학으로 표현하기 단계에서는 상황을 구성하는 중요한 조건과 단서를 수학으로 바꾸어 표현하고 이를 해결해야 합니다. 따라서 여기에서는 수식, 기호, 그림, 표, 그래프 등 적절한 수학적 도구를 찾는 과정이 중요하지요. 또 이 과정을 거쳐 나온 결과는 의사결정의 근거가 됩니다. 세 번째, 선택하기 단계에서는 결과를 분석하고 비교하여 합리적인 선택을 합니다. 다양한 결과를 비교하여 최적의 선택을 하고, 그 선택을 합리화하는 과정을 통하여 스스로 납득할 수 있고, 다른 사람도 설득할 수 있어야 합니다. 식, 그래프, 확률 등을 이용하여 합리적으로 결정하는 방법을 살펴봅시다.

식을 세워 합리적으로 결정하기

다음 상황에서 세 단계의 수학적 의사결정 하기에 따라 한 단계씩 밟아가며 합리적으로 결정해봅시다.

에피타이저		스테이크		기타 메뉴	
코코넛 쉬림프	15000원	갈릭 립아이	20000원	치킨텐더 샐러드	7200원
립	13000원	안심 스테이크	26000원	먹물 파스타	17500원
포테이토	6000원	등심 스테이크	25000원	카르보나라	15000원
핫 윙	7500원	그릴드 스테이크	30000원	오븐 스파게티	16000원
퀘사디아	8000원				

창의는 엄마의 생신을 축하드리러 부모님과 함께 맛있는 것을 먹기 위해 패밀리 레스토랑에 갔다. 메뉴판을 보고 고민 끝에 주문을 했다.

"저희 립 1개, 등심 스테이크 1개, 먹물 파스타 1개 주세요."

배부르게 먹고 난 후 그들이 먹은 음식의 값을 가장 저렴하게 지불할 수 있는 방법에 대해 의견을 모으고 있다.

아빠 : 여보, 나한테 우리가 먹은 음식의 값의 20%를 할인받을 수 있는 '할인 짱' 카드가 있어요. 이 카드로 계산하면 좋겠어요.

엄마 : 내가 가진 '무료 제공' 카드는 아까 먹은 립을 공짜로 먹을 수 있어요. 이 카드를 이용하는 것이 할인 혜택을 가장 크게 받을 수 있을 거예요. 비록 다른 할인 혜택은 받을 수 없지만요. 이 카드로 계산하는 게 어떨까요?

창의 : 그럼 돈을 가장 적게 내는 방법을 선택해서 결제하기로 해요.

(모두) : 그래, 그게 좋겠다.

앞의 상황은 패밀리 레스토랑에서 맛있게 식사를 한 후 가장 저렴하게 식사비를 지불할 수 있는 방법이 무엇인지를 결정해야 하는 상황입니다. 가격을 비교하여 택할 수 있는 가장 합리적인 방법은 무엇일까요?

1단계. 상황을 분석해볼까요?

패밀리 레스토랑에서 세 사람이 먹은 음식은 립, 등심 스테이크, 먹물 파스타로 메뉴판에 적힌 가격에 의해 지불할 총 금액을 계산해보면 다음과 같습니다.

$$13000+25000+17500=55500원$$

음식을 다 먹은 후에 그들이 먹은 음식의 값을 할인짱 카드 또는 무료 제공 카드로 계산하려고 합니다. 각 카드의 혜택은 다음과 같습니다.

표2-1. 각 카드의 할인 혜택(단, 중복 혜택은 불가능)

카드	할인짱 카드	무료 제공 카드
혜택	20% 할인	13000원짜리 립 공짜

2단계. 수학으로 바꾸어 표현해볼까요?(식으로 표현하기)

각 카드를 적용했을 때 지불해야 할 금액을 계산해봅시다.

❶ 할인짱 카드를 선택했을 때, 지불해야 하는 금액은 식사비의 20%를 할인받을 수 있는 카드이므로 다음과 같이 계산됩니다.

$$(13000+25000+17500) \times 0.8 = 44400원$$

❷ 무료 제공 카드를 선택했을 때, 지불해야 하는 금액은 립을 공짜로 먹을 수 있으므로 총 금액에서 립 가격을 빼면 됩니다.

$$(13000+25000+17500) - 13000 = 42500원$$

3단계. 합리적인 결정을 내려볼까요?

할인짱 카드와 무료 제공 카드로 결제했을 때, 각각의 지불할 금액은 44400원, 42500원입니다. 이 두 카드를 각각 이용할 때, 지불할 금액의 차이는 44400−42500=1900원입니다.

따라서 립을 공짜로 먹을 수 있는 무료 제공 카드가 20%를 할인받을 수 있는 할인짱 카드보다 1900원 적은 금액을 지불하므로 무료 제공 카드로 결제하는 것이 보다 경제적이고, 합리적인 결정이라 할 수 있습니다.

좀 더 일반적인 경우로 확장해서 생각해봅시다. 먹은 음식값이 얼마가 됐을 때, 할인짱 카드를 이용하는 것이 합리적인 선택일까요? 먹은 음식의 가격을 x원이라고 합시다.

표2-2. 각 카드로 지불해야 할 금액

카드	할인짱 카드	무료 제공 카드
지불 금액	$0.8x$	$x-13000$

할인짱 카드를 이용하는 것이 더 합리적이려면, 할인짱 카드를 이용한 지불 금액이 무료 제공 카드를 이용한 지불 금액보다 더 적은 금액이어야 합니다. 즉, 아래 식이 성립해야 합니다.

$$0.8x < x-13000$$

이 일차부등식을 풀면, 다음과 같습니다.

$$8x < 10x-130000$$
$$130000 < 2x$$
$$\therefore x > 65000$$

따라서 음식을 먹은 총 금액이 65000원보다 큰 경우에는 20%를 할인받을 수 있는 할인짱 카드를 이용하는 것이 더 바람직합니다.

반대로 65000원보다 적게 먹은 경우에는 립을 공짜로 먹을 수 있는 무료 제공 카드가 더 이득일 것입니다.

그래프를 이용하여 합리적으로 결정하기

이번에는 수학의 다른 방법을 적용하여 합리적인 선택을 하는 경우를 살펴보도록 합시다.

1단계. 상황을 분석해볼까요?

영은, 민수, 은희, 경은, 범준, 이 다섯 명은 다음 표와 같이 각각 사진반, 수화반, 방송반, 영어 회화반, 비누 만들기반의 동아리에 가입되어 있습니다. 축제 준비를 위해 회의를 해야 하는데, 다섯 명은 각 동아리 회의 때 꼭 참석해야 하는 학생들입니다. 같은 시간대

표2-3. 학생들의 동아리 가입 현황

	영은	민수	은희	경은	범준
사진반	V				
수화반	V	V		V	
방송반				V	V
영어 회화반		V			V
비누 만들기반			V		V

를 이용하여 최소한의 회의를 통해 모든 학생이 회의를 하려 합니다. 몇 번의 회의를 주최하면 모든 학생이 각각의 동아리에서 회의를 할 수 있을까요?

한 사람이 여러 동아리에 가입한 경우, 그 동아리들은 서로 같은 시간대에 회의를 열 수 없습니다. 사진반과 수화반, 수화반과 영어 회화반, 수화반과 방송반, 방송반과 영어 회화반과 비누 만들기반은 서로 동시에 속한 학생이 있는 경우입니다.

2단계. 수학으로 바꾸어 표현해볼까요?(그래프로 표현하기)

위의 상황을 수학으로 바꾸어 표현해보도록 하겠습니다. 우선 여러 동아리에 동시에 속한 학생들이 같은 시간대에 회의를 할 수 없으므로 이를 쉽게 나타내기 위해서 두 동아리에 동시에 속한 학생이 있으면 1로, 없으면 0으로 표시해보겠습니다. 예를 들어, 사진반

표2-4. 수학적으로 나타낸 학생들의 동아리 중복 가입 현황표

	사진반	수화반	방송반	영어 회화반	비누만들기반
사진반	0	1	0	0	0
수화반	1	0	1	1	0
방송반	0	1	0	1	1
영어 회화반	0	1	1	0	1
비누 만들기반	0	0	1	1	0

과 수화반은 동시에 속한 학생 영은이가 있으므로 1로 표시합니다. 반면에 사진반과 방송반은 동시에 속한 학생이 아무도 없으므로 0으로 표시합니다.

이번에는 표2-4를 이용하여 각 동아리를 점으로, 동시에 속한 학생이 있는 경우에는 선을 그어 그래프로 나타내봅시다.

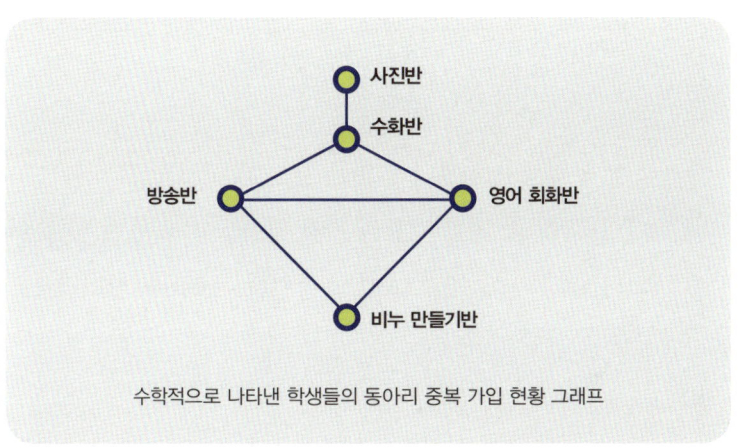

수학적으로 나타낸 학생들의 동아리 중복 가입 현황 그래프

어떻습니까? 그래프로 보니까 표보다 한눈에 모든 관계가 쏙 들어오지요? 선으로 직접 연결된 반끼리는 같은 시간대에 회의를 할 수 없습니다. 예를 들어, 비누 만들기반과 선 하나로 연결되어 있는 방송반, 영어 회화반은 같은 시간대에 회의를 할 수 없습니다.

3단계. 합리적인 결정을 내려볼까요?

이제 직접 연결되지 않은, 서로 같은 시간대에 회의할 수 있는 동아리끼리 묶어봅시다.

표2-5. 서로 같은 시간대에 회의할 수 있는 동아리 묶음

회의 횟수	동아리
1	비누 만들기반, 수화반
2	방송반, 사진반
3	영어 회화반

따라서 전체 학생이 동아리 회의를 하는 데 필요한 회의 횟수는 3회입니다. 이렇게 꼭 직접 계산을 하지 않아도 서로 관계 있는 대상을 점과 선으로 나타내는 그래프의 방법을 이용하여 합리적으로 의사결정을 할 수도 있습니다.

확률을 이용하여 합리적으로 결정하기

어느 제약회사가 불량 알약이 판매되고 있는 상황을 개선하기 위해 조건부 확률을 이용하여 합리적으로 대안을 선택하는 경우를 살펴봅시다.

A 제약회사는 하루에 10000개의 알약을 생산한다. 그런데 생산 기계의 문제로 전체 알약 10000개 가운데 약효가 현저하게 떨어지는 불량 알약이 1000

개가 생산된다고 한다. 회사는 불량 알약을 판매하지 않기 위해 알약의 효과를 구별하는 불량 알약 검사 기계를 만들었다. 이 기계는 정상 알약은 70%의 확률로 정상 알약으로 판정하고, 불량 알약은 90%의 확률로 불량 알약으로 판정한다고 한다. 이 검사 기계를 통해서 회사는 불량 알약을 구별하고 폐기하여 판매하지 않도록 했다. 그러나 이러한 노력에도 불구하고 여전히 많은 불량 알약이 판매되는 상황이 생기자 회사의 사장은 고민에 빠졌다.

사장 : 90%의 확률로 불량 알약을 구별할 수 있는데도 왜 이렇게 많은 불량 알약이 계속 판매되는 걸까? 잘못 구별하는 일은 10%에 불과한데 말이지.

과장 : 그렇게 단순한 문제가 아닙니다. 불량 알약 검사 기계가 알약을 불량으로 판정했을 때, 실제로 그 알약이 불량 알약일 확률은……

사장 : 아니, 그럴 수가! 그렇다면 무슨 해결책을 내놓아야 할 것이 아닌가?

사원 A : 제 생각엔 불량 알약 검사 기계를 바꾸는 것이 좋을 것 같습니다. 현재 개발된 다른 검사 기계는 정상 알약은 80%의 확률로 정상 알약으로 판정하고, 불량 알약은 80%의 확률로 불량 알약으로 판정해낼 수 있습니다. 이 기계를 도입하면 1000만 원의 추가 비용이 들지만, 기존 검사 기계보다 더 정확하게 불량 알약을 구별할 수 있을 것입니다.

사원 B : 그것보다는 3000만 원의 추가 비용이 드는 또 다른 검사 기계가 나올 것 같습니다. 이 기계는 정상 알약은 90%의 확률로 정상 알약으로 판정하고, 불량 알약은 70%의 확률로 불량 알약으로 판정해낼 수 있습니다.

사원 C : 검사 기계는 그대로 두고 알약 생산 기계 자체를 바꾸는 것은 어떠십니까? 현재 다른 생산 기계는 하루에 10000개의 알약을 생산할 때, 500개의 불량 알약만 생산한다고 합니다. 추가 투자비용으로 1억 원이라는 거금이 들기는 하지만 원천적으로 불량 알약의 생산율을 줄이는 데에서 큰 이익을 볼 수 있을 것입니다.

사장: 과연 어떤 제안이 가장 나은 걸까? 고민이구만.

과연 어느 사원의 제안이 가장 합리적일까요?

1단계. 상황을 분석해볼까요?

상황을 분석하는 방법과 기준은 여러 가지가 있을 수 있지만, 여기에서는 불량 알약을 정확하게 판정하는 것을 기준으로 삼겠습니다. 우선 과장이 말한 불량 알약 검사 기계가 알약을 불량으로 판정했을 때, 실제 알약이 불량 알약일 확률을 먼저 살펴봅시다. A 제약회사에서 10000개의 알약을 생산한다고 했을 때, 불량 알약을 판정하는 상황을 정리해보면 표2-6과 같습니다.

이때 전체 불량으로 판정된 알약의 개수는 2700+900=3600개이고, 불량 알약 중 실제 불량으로 판정된 알약의 수는 900개이므

표2-6. 전체 알약 10000개 중 불량 알약 1000개를 생산할 때, 알약 판정 상황

	실제 개수	정상으로 판정	불량으로 판정
정상 알약	9000	9000×0.7=6300	9000×0.3=2700
불량 알약	1000	1000×0.1=100	1000×0.9=900

로 알약이 불량 알약으로 판정됐을 때, 실제로 불량 알약일 확률은 $\frac{900}{3600}=\frac{1}{4}$, 즉 25%입니다. 이 비율은 생산되는 전체 알약과 관련된 것이 아니라 일부분과 관련된 것이므로, 조건부 확률 개념과 관련이 있습니다. 따라서 이번에는 조건부 확률을 이용하여 나타내봅시다.

2단계. 수학으로 바꾸어 표현해볼까요?

먼저 각 사건을 다음과 같이 정의하고선 생각해봅시다.

A : 선택한 알약이 불량일 사건

B : 선택한 알약이 불량으로 판정될 사건

알약이 불량으로 판정됐을 때, 실제로 불량 알약일 확률은 사건 B를 전사건으로 하고, 사건 B에서 사건 A∩B가 일어날 확률을 구하면 됩니다. 즉, 사건 B가 일어났다는 조건에서 사건 A∩B가 일어날 확률을 구하는 것이므로, 이를 조건부 확률이라고 합니다. 조건부 확률은 벤 다이어그램의 B 집합에서 A와 B의 교집합 부분을 구하는 것으로써 $\frac{P(A \cap B)}{P(B)}$ 를 구하는 것과 같습니다.

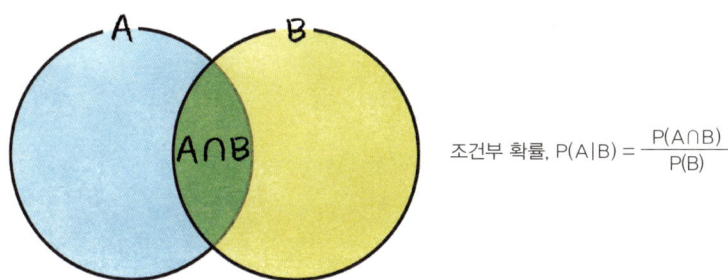

조건부 확률, $P(A|B) = \dfrac{P(A \cap B)}{P(B)}$

사건 B는 선택한 알약이 불량으로 판정될 경우로, 정상 알약이 불량으로 판정되는 경우와 불량 알약이 불량으로 판정되는 경우가 있습니다. 따라서 사건 B의 확률은 다음과 같이 구할 수 있습니다.

(전체 알약의 수)=10000
n(B)=(선택한 알약이 불량으로 판정될 경우의 수)
　　=2700+900=3600
∴ P(B)=(선택한 알약이 불량으로 판정될 확률)=$\dfrac{3600}{10000}=\dfrac{9}{25}$

이제 선택한 알약이 불량으로 판정됐을 때, 실제로 불량 알약일 확률을 구해봅시다.

n(A∩B)=(실제 불량 알약 중 불량으로 판정될 경우의 수)=900
∴ P(A∩B)=(실제 불량 알약 중 불량으로 판정될 확률)
　　　　=$\dfrac{900}{10000}=\dfrac{9}{100}$

P(A|B)=(선택한 알약이 불량으로 판정됐을 때, 실제로 불량 알약일 확률)
　　　=$\dfrac{P(A∩B)}{P(B)}$
　　　=$\dfrac{\frac{9}{100}}{\frac{9}{25}}=\dfrac{1}{4}=0.25$

즉, 25%

이제 사원들의 제안에 따라 각각의 불량 알약 검사 기계가 알약을 불량으로 판정했을 때, 실제로 그 알약이 불량 알약일 확률의 값을 구해봅시다. 첫 번째로 사원 A의 제안에 따라 불량 알약 검사 기계를 바꾸었을 경우, 선택한 알약이 불량으로 판정됐을 때 실제로 불량 알약일 확률을 구해봅시다.

표2-7. **사원 A의 제안** : 정상 알약은 80%의 확률로 정상 알약으로 판정하고, 불량 알약은 80%의 확률로 불량 알약으로 판정하는 검사 기계로 교체

	실제 개수	정상으로 판정	불량으로 판정
정상 알약	9000	9000×0.8=7200	9000×0.2=1800
불량 알약	1000	1000×0.2=200	1000×0.8=800

사원 A가 제안한 해결책을 표로 정리해서 살펴보니 불량으로 판정되는 전체 알약의 개수는 1800+800=2600개이고, 불량 알약이 불량으로 판정되는 경우의 수는 800이므로 선택한 알약이 불량으로 판정됐을 때, 실제로 불량 알약일 확률은 $\frac{800}{2600}=\frac{4}{13}$, 즉 30.77%입니다. 앞선 사건의 정의에 따라 조건부 확률을 이용하여 풀면, 다음과 같습니다.

(전체 알약의 수)=10000
n(B)=(선택한 알약이 불량으로 판정될 경우의 수)

$\quad$ =1800+800=2600

$\therefore$ P(B)=(선택한 알약이 불량으로 판정될 확률)=$\frac{2600}{10000}=\frac{13}{50}$

n(A∩B)=(실제 불량 알약 중 불량으로 판정될 경우의 수)=800

$\therefore$ P(A∩B)=(실제 불량 알약 중 불량으로 판정될 확률)

$$=\frac{800}{10000}=\frac{8}{100}=\frac{2}{25}$$

P(A|B)=(선택한 알약이 불량으로 판정됐을 때, 실제로 불량 알약일 확률)

$$=\frac{P(A\cap B)}{P(B)}$$

$$=\frac{\frac{2}{25}}{\frac{13}{50}}=\frac{4}{13}≒0.3077$$

즉, 30.77%

이번에는 사원 B의 제안에 따라 불량 알약 검사 기계를 바꾸었을 경우를 살펴봅시다.

표2-8. 사원 B의 제안 : 정상 알약은 90%의 확률로 정상 알약으로 판정하고, 불량 알약은 70%의 확률로 불량 알약으로 판정하는 검사 기계로 교체

	실제 개수	정상으로 판정	불량으로 판정
정상 알약	9000	9000×0.9=8100	9000×0.1=900
불량 알약	1000	1000×0.3=300	1000×0.7=700

표2-8을 보면 불량으로 판정되는 전체 알약의 개수는 900+700=1600개이고, 불량 알약이 불량으로 판정되는 경우의 수는 700이므로 선택한 알약이 불량으로 판정됐을 때, 실제로 불량 알약일 확률은 $\frac{700}{1600}=\frac{7}{16}$, 즉 43.75%입니다. 조건부 확률을 이용하여 풀어봅시다.

(전체 알약의 수)=10000

n(B)=(선택한 알약이 불량으로 판정될 경우의 수)

=900+700=1600

∴ P(B)=(선택한 알약이 불량으로 판정될 확률)=$\frac{1600}{10000}=\frac{4}{25}$

n(A∩B)=(실제 불량 알약 중 불량으로 판정될 경우의 수)=700

∴ P(A∩B)=(실제 불량 알약 중 불량으로 판정될 확률)

$=\frac{700}{10000}=\frac{7}{100}$

P(A|B)=(선택한 알약이 불량으로 판정됐을 때, 실제로 불량 알약일 확률)

$=\frac{P(A\cap B)}{P(B)}$

$=\frac{\frac{7}{100}}{\frac{4}{25}}=\frac{7}{16}=0.4375$

즉, 43.75%

마지막으로 사원 C의 제안에 따라 알약 생산 기계 자체를 바꾸었을 경우를 살펴봅시다.

표2-9. 사원 C의 제안 : 10000개의 알약 중 500개의 불량 알약을 생산하는 기계로 교체, 불량 알약 검사 기계(정상 알약은 70%의 확률로 정상 알약으로 판정하고, 불량 알약은 90%의 확률로 불량 알약으로 판정)는 그대로 사용

	실제 개수	정상으로 판정	불량으로 판정
정상 알약	9500	9500×0.7=6650	9500×0.3=2850
불량 알약	500	500×0.1=50	500×0.9=450

불량으로 판정되는 전체 알약의 개수는 2850+450=3300개입니다. 그리고 불량 알약이 불량으로 판정되는 경우의 수는 450이므로 선택한 알약이 불량으로 판정됐을 때, 실제로 불량 알약일 확률은 $\frac{450}{3300}=\frac{3}{22}$, 즉 13.64%입니다. 조건부 확률을 이용하여 풀면, 다음과 같습니다.

(전체 알약의 수)=10000

n(B)=(선택한 알약이 불량으로 판정될 경우의 수)

=2850+450=3300

∴ P(B)=(선택한 알약이 불량으로 판정될 확률)=$\frac{3300}{10000}=\frac{33}{100}$

n(A∩B)=(실제 불량 알약 중 불량으로 판정될 경우의 수)=450

∴ P(A∩B)=(실제 불량 알약 중 불량으로 판정될 확률)

$$= \frac{450}{10000} = \frac{9}{200}$$

P(A|B)=(선택한 알약이 불량으로 판정됐을 때, 실제로 불량 알약일 확률)

$$= \frac{P(A \cap B)}{P(B)}$$

$$= \frac{\frac{9}{200}}{\frac{33}{100}} = \frac{3}{22} \fallingdotseq 0.1364$$

즉, 13.64%

3단계. 합리적인 결정을 내려볼까요?

각 사원이 제시한 기계 교체에 드는 비용과 불량 알약 판매율을 낮출 수 있는 효율성을 정리해보면 다음과 같습니다.

표2-10. 각 사원이 제시한 기계 교체에 따른 추가 비용 및 불량 알약을 불량 알약으로 판정할 확률

	추가 비용	불량 알약을 불량 알약으로 판정할 확률
현재	0원	25%
사원 A	1000만 원	30.77%
사원 B	3000만 원	43.75%
사원 C	1억 원	13.64%

사원 C가 교체를 제안한 알약 생산 기계의 경우, 추가 투자비용

이 1억 원이나 드는데도 불구하고 불량 알약을 불량 알약으로 판정할 확률은 오히려 현재 기계보다 떨어지므로 효과적인 제안이라고 보기에는 어렵습니다.

사원 A와 사원 B의 제안은 모두 불량 알약을 불량 알약으로 판정할 확률을 증가시킨다는 측면에서 긍정적이지만, 추가 비용에 차이가 있기 때문에 현재 상태로는 비교가 어렵습니다. 즉, 추가 비용을 같은 단위로 맞추어 확률의 변화를 비교할 필요가 있습니다. 사원 A와 사원 B의 제안을 공통적으로 1000만 원 추가 비용당 불량 알약을 불량 알약으로 판정할 확률의 증가율을 비교해보면 다음과 같습니다.

표2-11. 사원 A와 사원 B가 제안한 검사 기계의 효율성 비교

	1000만 원당 불량 알약을 불량 알약으로 판정할 확률의 증가율
사원 A	5.77%
사원 B	6.25%

따라서 사원 B의 제안이 추가 비용을 고려했을 때, 가장 현명한 제안이라고 할 수 있습니다.

이와 같이 어떤 의사결정이 필요한 문제 상황을 수학의 다양한 방법으로 표현해서 생각해볼 수 있습니다. 특히 최적의 선택을 해

야 하는 상황은 방정식과 부등식, 경우의 수와 확률, 함수, 통계 등의 내용을 활용할 수 있습니다.

수학을 통해 의사결정을 하면 수학적 문제 해결력을 기를 수 있습니다. 문제가 생겼을 때 중요한 요소를 분석하고, 적절한 수학 도구를 찾고, 비교를 통해 합리적인 선택을 하는 과정에서 분석적 사고와 비판적 사고, 창의성이 쑥쑥 자라게 될 것입니다. 또한 일상에서 적절한 수학의 기본 개념이나 법칙을 활용하는 경험은 수학의 본질에 대한 이해를 돕고, 수학의 쓰임새 및 필요성을 자연스럽게 체득하게 할 것입니다.

한 발짝 더
의사결정 할 때 주의할 점

현실에서 의사결정을 할 때는 수학 시험 문제처럼 답이 딱 떨어져서 나오는 경우는 거의 없습니다. 대부분의 경우, 수학의 도움을 받더라도 가능한 여러 대안이 나올 수 있습니다. 대학 입시에서 성적 분석 결과, A, B, C 세 학교 모두 합격권이지만 한 곳에만 원서를 넣어야 한다면 학생은 한 군데만 선택해야 합니다. 이럴 때에는 소신껏 선택하고 결정할 수 있는 용기도 필요합니다. 또한 어떤 선택이 자신한테는 최고의 선택이더라도 다른 사람에게 피해가 간다면 좋은 결정은 아니겠지요. 나만 좋은 것이 아니라 다른 사람을 위한 배려도 필요합니다.

삶은 수학
배려하는 마음

어느 날 어머니께서 아영, 재훈, 소라에게 피자를 한 판 만들어 똑같이 세 조각으로 나누어주었습니다. 그런데 각 피자 조각의 크기에 대한 느낌이 모두 달랐습니다. 아영이는 세 조각의 크기가 모두 똑같다고 느꼈고, 재훈이는 B 조각이 제일 크고 C 조각이 제일 작다고 느꼈으며, 소라는 A 조각이 제일 크고 B 조각이 제일 작다고 느꼈습니다. 어떻게 피자 조각을 나누어야 모두가 공평하게 받아들일까요?

표2-12. 아영, 재훈, 소라가 느끼는 각 피자 조각의 크기 비율

	A	B	C
아영	$33\frac{1}{3}$%	$33\frac{1}{3}$%	$33\frac{1}{3}$%
재훈	30%	45%	25%
소라	40%	25%	35%

예를 들어, 아영이가 A 조각을 먼저 고른 후, 재훈이가 남은 조각들 가운데 가장 크다고 느꼈던 B 조각을 고른다면, 소라는 선택의 여지없이 C 조각을 고를 수밖에 없을 것입니다. 이 경우, 아영이와 재훈은 공평한 분배라고 여기겠지만, 소라는 가장 크다고 느꼈던 A 조각이 아닌 것을 받게 되므로 분배가 공평하게 이루어지지 않았다고 여길 것입니다.

그렇다면 이렇게 해보면 어떨까요? 아영이는 A, B, C의 세 조각

들의 크기를 모두 똑같게 생각하므로 재훈이나 소라에게 먼저 고르도록 양보합니다. 재훈이는 자기가 가장 크다고 느낀 B 조각을 고를 테고, 소라 역시 자기가 가장 크다고 느낀 A 조각을 선택할 것입니다. 그러면 남은 C 조각은 아영이의 몫이 되겠지요? 비로소 모두가 만족할 수 있는 공평한 분배가 이루어졌습니다.

여러분이 아영이라면 피자 조각을 먼저 선택하겠습니까? 아니면 각 조각들의 크기를 다르게 느끼는 재훈이나 소라에게 먼저 선택할 수 있도록 배려하겠습니까?

위의 두 가지 경우에서 알 수 있듯이 어떤 것을 선택해도 상관없는 아영이가 다른 사람에게 먼저 선택할 수 있는 기회를 양보함으로써 모든 사람이 공평한 분배를 느끼게 할 수 있습니다. 이처럼 선택의 상황이나 의사결정 상황에 직면했을 때 자신만의 의견, 선택만을 고집할 것이 아니라 다른 사람을 위해 배려한다면 많은 사람이 만족할 수 있는 의사결정이 이루어질 것입니다.

스스로 해봐요

다음은 어느 통신사의 핸드폰 요금제입니다. 알뜰 요금제는 기본 요금 15000원에 문자와 통화 요금을 합하여 무료로 20000원까지 사용할 수 있고, 20000원을 넘는 금액부터 추가 비용을 지불하면 됩니다. 반면, 우량 요금제는 기본요금 20000원을 지불하면 무료로 30000원까지 사용할 수 있고, 30000원을 넘는 금액부터 추가 비용을 지불하면 됩니다.

	무료 사용 요금	단문자 1건	MMS 1건	통화 1초
알뜰 요금제 (기본요금 : 15000원)	20000원	15원	25원	2.5원
우량 요금제 (기본요금 : 20000원)	30000원	15원	25원	2.5원

❶ 혜영이는 한 달에 문자 200건, MMS 100건, 통화 120분을 사용하고, 준수는 문자 100건, MMS 100건, 통화 150분을 사용합니다. 혜영이와 준수에게 적합한 요금제를 선택하고, 그 이유를 설명해봅시다.

참참이는 드라마에 푹 빠져 여러 번 돌려보거나 자신이 좋아하는 연예인이 나오는 TV 프로그램을 보면서 평소에 열심히 공부를 하지 않다가, 첫째 날 시험(수학, 일본어)에서 낮은 성적을 받고 충격에 빠졌습니다. 참참이는 지금부터라도 둘째 날 시험(영어, 사회)에 대비하기로 했습니다. 참참이는 공부 계획을 세우기 위해 그동안 본인의 학습 스타일을 잠시 생각해본 후 자신의 현 상황에 대해 다음과 같이 정리했습니다.

1. 영어와 사회를 각각 1시간 이상씩 반드시 공부해야 한다.
2. 영어와 사회를 각각 1시간 이상 공부하고 난 후, 추가로 영어 또는 사회를 공부할 수 있는 시간은 최대 10시간이다(다른 시간은 집으로 이동, 휴식, 식사, 수면 등을 위해 사용).
3. 그동안의 경험으로 미루어보아 영어를 1시간 공부할 때의 학습 효과는 사회를 1시간 공부할 때의 학습 효과의 1.5배이다.
4. 영어와 사회 공부를 위해 10시간 동안 감당할 수 있는 최대 스트레스를 15라 하면, 영어 공부를 할 때 발생하는 스트레스는 시간당 3이고, 사회 공부를 할 때 발생하는 스트레스는 시간당 1이다.

❷ 둘째 날 보는 시험 과목을 공부할 때 학습 효과의 합을 최대로 하기 위해서 참참이는 영어 공부와 사회 공부를 각각 몇 시간씩 해야 할까요?(스트레스, 학습 효과의 단위는 생각하지 않으며, 다른 요인은 고려하지 않는다)

3장
넌 문제 해결자?
난 문제 출제자!

올바른 문제, 올바른 해결책

'수학'하면 떠오르는 대표적인 활동은 문제 해결일 것입니다. 문제가 술술 풀리거나 오랫동안 해결되지 않던 문제가 풀렸을 때 기쁨을 맛보기도 하지만, 아무리 애를 써도 풀리지 않는 문제들 앞에서는 좌절하기도 합니다. 수학 공부를 하는 이유 중 한 가지도 공식과 알고리즘을 단순히 적용하는 것을 넘어 다양하고 복잡한 문제를 창의적으로 해결하는 능력을 키우기 위함이지요.

그렇지만 문제를 해결하고 답을 구하는 것 못지않게 중요한 것이

수학 교과서	3장에 사용된 개념
중학교 1학년	정수와 유리수, 일차방정식, 작도, 도형의 성질
중학교 2학년	등식의 변형, 닮은 도형의 성질
중학교 3학년	이차방정식, 무리수, 피타고라스 정리

있습니다. 문제를 인식하고 문제를 만드는 것이지요. 우리는 보통 주어진 문제를 푸는 데 급급하여 그 문제가 도대체 왜, 누구에 의해서 만들어진 것인가와 같은 근본적인 생각은 잘 하지 않습니다. 분명 누군가가 문제를 만들었고, 문제를 제기했기에 우리가 그 문제를 풀고 있는 것일 텐데 말이지요. 그 누군가가 우리는 될 수 없을까요?

여기에서 한 일화를 생각해봅시다. 어떤 빌딩의 소유주가 수용 인원을 늘리기 위하여 빌딩을 증축했습니다. 하지만 얼마 지나지 않아 입주자들은 엘리베이터가 너무 느리다고 불평하기 시작했습니다. 빌딩 소유주는 직원들을 불러 모아놓고, 엘리베이터 속도를 향

상시킬 방법을 찾으라고 지시했습니다. 하지만 직원들이 전문가들을 통해 알아본 결과, 기술적으로 엘리베이터 속도를 현재보다 높일 방법은 없었습니다. 그러자 빌딩 소유주는 다른 엘리베이터를 설치할 위치를 찾아 축을 설계하라는 새로운 방향의 지시를 내렸습니다. 유명한 건축 설계사들이 이 일을 실행하기 위하여 너도나도 나섰지만, 문제는 쉽사리 해결될 것 같지 않았습니다.

그러던 어느 날 한 직원이 다음과 같이 건의했습니다.

"더 많은 엘리베이터를 설치하기보다 사람들의 지루함을 달래줄 방법을 찾아서 불평을 최소화하는 게 어떨까요?"

어떻습니까? 사람들의 불평의 직접적인 원인을 바탕으로 문제를 '어떻게 엘리베이터를 빠르게 할 것인가?'에 두는 것이 아니라 '어떻게 사람들이 지루하지 않게 할 것인가?'에 두면 해결책이 달라지는 것입니다. 실제 엘리베이터 안에 거울이 있는 경우가 많은데, 거울의 등장 배경이 이러했다고 합니다.

수학은 문제 만들기와 문제 해결의 연속

문제를 만들고 정의하는 일은 문제 해결의 첫 단추인 셈이지요. 문제를 만들고 정의하는 일은 평소 주변의 상황에 대해 왕성한 호기심을 품고 의문을 가지는 것에서 출발합니다. "~은 안 될까?", "~

라면 어떨까?", "~한 현상의 특이한 점은 무엇인가?"와 같이 상황이나 현상에 의문을 제기하는 것에서 문제를 만들 수 있습니다. 또 이렇게 만든 문제 하나를 해결하고 나면 문제의 조건을 변경하거나 해결된 결과를 바꾸어 이와 관련된 더 많은 문제를 만들어낼 수 있습니다. 아예 몇 가지 상황에서 발견되는 조건만 가지고 자유롭게 문제를 만들 수도 있습니다. 이 과정을 간단히 하면 다음과 같습니다.

> 사실, 현상 관찰하기 ⇨ 의문과 호기심으로 문제 만들기 ⇨ 문제 변형하기

수학이 발달해온 과정을 보면 역시 의문을 가지고 이를 확인하려는 과정에서 얻어진 것이 많습니다. 역사 속에 다양한 예들이 있지만 여기 한 가지 사실에서 출발해봅시다.

피타고라스 정리는 피타고라스의 것일까?

"모든 직각삼각형에서 빗변의 제곱은 다른 두 변의 제곱의 합과 같다."

2000여 년 전 인류가 이 사실을 알게 된 것은 놀라운 발견이었습니다. 이러한 삼각형의 관계를 정리한 사람은 그리스의 피타고라스 Pythagoras, B.C.580?~B.C.500?였습니다. 그래서 이것을 '피타고라스 정리'라고 부르지요. 피타고라스 정리에 따르면, 두 변의 길이가 각각

3과 4이면 나머지 빗변의 길이는 반드시 5여야 합니다.

$$3^2+4^2=9+16=25=5^2$$

3, 4, 5는 정수로서 피타고라스 정리를 만족시키는 가장 작은 자연수이지요. 이러한 수를 '피타고라스 세 수'라고도 합니다. 그런데 사실 피타고라스 정리는 피타고라스가 태어나기 1000여 년 전부터 이미 고대인들이 이용하던 수학이었습니다. 메소포타미아에서 발굴된 점토판의 쐐기문자를 연구한 결과 피타고라스 시대보다 1000년 이상 이전의 고대 바빌로니아 사람들이 이 정리를 알고 있었음이 밝혀졌습니다. 또한 고대 이집트에서는 논밭을 측량할 때 한 가닥의 새끼줄을 12등분하여 세 번째와 일곱 번째 칸에 표식을 붙여서 세 변의 길이의 비가 3 : 4 : 5인 직각삼각형을 만들어 직각을 찾은 흔적도 발견됐다고 합니다.

고대 중국의 문헌에도 이와 비슷한 내용이 있습니다. 피타고라스가 이 정리를 증명하기 500년보다 훨씬 더 전에 중국에서 만들어진 《주비산경周髀算經》이라는 수학책에서는 피타고라스 정리라고 부르지 않고, 그 나라 발견자의 이름을 따서 '진자陳子 정리'라고 불렀습니다. 《구장산술九章算術》에서는 아홉 번째 장에 '구고현勾股弦 정리'라고 하여 자세히 소개되어 있습니다. 직각삼각형의 세 변 중 직각을 낀 두 변 가운데 짧은 변을 '구勾', 긴 변을 '고股' 그리고 나머지 가장 긴 변을 '현弦'이라고 한다는 설명입니다. 조선 시대의 수학책 《유씨 구고술요도해劉氏勾股術要圖解》에서도 구고현 정리가 다음 그림과 함께 자세히 설명되어 있습니다.

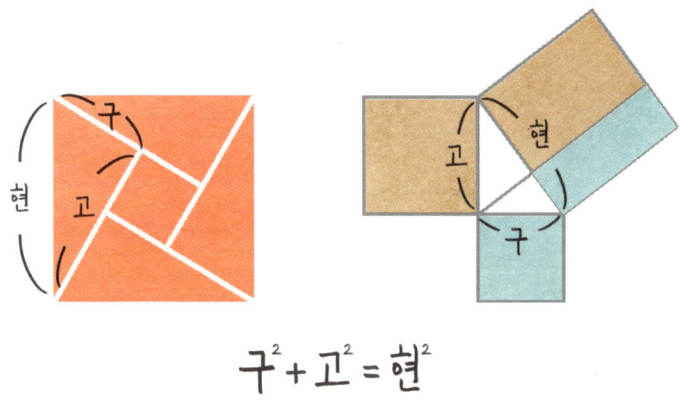

$$구^2 + 고^2 = 현^2$$

1단계. 의문과 호기심으로 문제 만들기

옛날 사람들은 어떻게 이러한 관계를 발견하게 된 것일까요? 이 질문의 답은 바로 의문을 가지고 문제를 만들었다는 데 있습니다. 다시 말해 여러 가지 이유와 필요에 의해 "어떻게 하면 직각이 될까?", "직각이 되는 경우는 언제인가?" 등의 질문에서 시작하여 그 성질이 나타난 경우를 찾아낸 것입니다. 예를 들어, 정확한 해시계를 만들기 위해서는 지표면에 수직이 되게 막대를 세워야 했으므로 어떻게 직각을 만들 수 있을지에 대해 고민했을 것입니다. 지금 우리가 배우는 수학의 많은 성질은 그러한 사람들의 의문과 질문에서 출발하여 증명되고 반박되어 오면서 지금의 모습을 갖추게 된 것입니다.

그렇다면 왜 우리는 피타고라스 이전의 사람들이 직각삼각형의 성질을 발견했음에도 불구하고 피타고라스 정리라고 부르는 것일까요? 이 질문의 답 역시 바로 피타고라스의 질문에 있습니다. 즉, 직각삼각형의 빗변을 한 변으로 하는 정사각형의 넓이는 나머지 두 변을 각각 한 변으로 하는 정사각형의 넓이의 합과 같다는 것을 언제나 $a^2+b^2=c^2$의 식으로 나타낼 수 있다는 것을 피타고라스(또는 피타고라스학파)가 문제 제기를 통해 처음으로 밝혔기 때문입니다. 바꿔 말하면, 이 정리를 사용한 다른 고대 문명사회는 구체적인 경우(이를테면 $3^2+4^2=5^2$ 등)만을 다루었지 일반 법칙으로 끌어올리지 못했기 때문입니다.

피타고라스는 당시 연역적 추론으로 일반 법칙을 만들었던 그리스 시대의 분위기를 반영하여 구체적인 사례를 뛰어넘어 좀 더 일반적인 속성을 찾으려 했고, "그것이 정말 그러한가?"라는 질문을 제기하여 이를 증명했다는 것입니다. 전해 내려오는 이야기에 따르면 피타고라스는 당시 사원의 바닥에 깔려 있는 타일을 보고 이 정리와 증명법을 생각해냈다고 합니다.

그렇다면 피타고라스 정리는 이것으로 끝난 것일까요? 아닙니다. 이후 피타고라스 정리를 대표하는 식 $a^2+b^2=c^2$은 많은 문제를 낳게 되고 이를 통해 다양한 수학적 사실이 새로이 발견되고 증명됩니다. 우리도 본격적으로 문제 출제자가 되어 이를 쫓아가 봅시다.

2단계. 주어진 문제 변형하기

문제를 만드는 데 가장 널리 쓰이는 방법으로 주어진 문제의 조건을 변경하는 방법이 있습니다. 다시 피타고라스 정리의 역사적 이야기를 떠올려봅시다.

여기서 우리가 이해한 내용을 정리해보면 다음과 같은 내용이 될 것입니다.

직각삼각형의 세 변 a, b, c에서 c가 빗변일 때, $a^2+b^2=c^2$이 성립한다. 예를 들어 $3^2+4^2=5^2$의 경우가 있다.

첫 번째 방법 | "만약 ~이 아니라면" 전략 쓰기

문제를 만들 때 사용하는 첫 번째 방법은 "만약 ~이 아니라면" 전략입니다. 주어진 문제의 일부분을 바꾸어 "만약 ~이 아니라면"이라고 생각해보는 것이지요. 이때 제일 먼저 할 일은 무엇일까요? 어떤 사실이나 상황에서 문제를 이해하고, 여기에서 찾을 수 있는 모든 수학적 사실을 찾아보는 것이지요. 예를 들어, 앞에서 정리한 내용에서 '직각삼각형이다', '$a^2+b^2=c^2$', 'c는 빗변이다', '$3^2+4^2=5^2$의 경우가 있다' 등 부분 혹은 전체의 수학적 사실을 찾아낼 수 있습니다. 이것을 바탕으로 "만약 ~이 아니라면"의 전략을 사용하여 문제를 만들어봅시다.

표3-1. "만약 ~이 아니라면" 전략으로 문제 만들기

알 수 있는 사실/성질	만약 ~이 아니라면
직각삼각형이다.	• 직각이 아니라면 각 변의 관계는 어떻게 될까? • 둔각삼각형이라면? • 예각삼각형이라면?
$a^2+b^2=c^2$을 만족하는 정수가 있다.	• 제곱이 아니라면? • $a^3+b^3=c^3$인 정수 a, b, c가 존재할까? • n>2일 때, $a^n+b^n=c^n$인 정수 a, b, c가 존재할까?
c는 빗변이다.	• c가 빗변이 아니라면 각 변의 관계식은 어떻게 될까? • c가 가장 짧은 변이라면?

알 수 있는 사실/성질	만약 ~이 아니라면
만족하는 정수의 예는 $3^2+4^2=5^2$이다.	• 각각이 정수가 아니라면? 각각이 정수가 아닌 예는? • $1^2+1^2=x^2$인 x는? • $a^2+b^2=c^2$인 소수 a, b, c가 존재할까? • $a^2+b^2=c^2$인 무리수 a, b, c에는 어떤 것이 있을까?

자, 어떻습니까? 하나의 사실로부터 많은 문제가 만들어지지요? 또 간단한 문제는 직접 해결해보세요. 이 과정에서 단순히 답만 구해지는 것이 아니라 더 많은 문제가 만들어지는 것도 알 수 있을 것입니다. 실제로 피타고라스학파도 위의 예 중 "한 변의 길이가 1인 정사각형의 경우 그 대각선의 길이는 얼마인가?"라는 문제에 맞닥뜨린 적이 있었습니다. 직각을 끼고 있는 두 변의 길이를 각각 1이라 하고 빗변을 c라 했을 때, 피타고라스 정리를 이용하여 c를 구할 수 없었던 것입니다. c는 $\sqrt{2}$라는 것을 오늘날 우리는 알고 있지만, 당시에는 $\sqrt{2}$의 존재를 알지 못했던 때입니다.

도형에서는 분명 c가 1과 2 사이 어딘가에 존재하는 값이지만 당시 수 세계에서는 찾아볼 수 없는 값이었지요. 피타고라스학파는

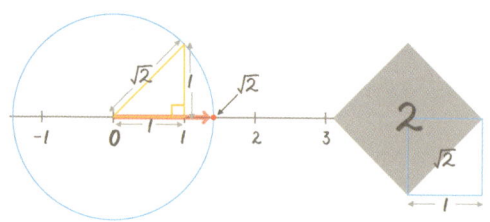

난관에 부딪혔을 것입니다. 정사각형의 대각선 길이를 어떤 수로도 나타낼 수 없다는 것은 자연과 우주의 모든 현상을 수로 설명할 수 있다는 피타고라스의 철학과 맞지 않았기 때문이지요. 결국 피타고라스학파는 그 값을 포기합니다. 그리고 이 사실이 알려지는 것이 두려워, 학파 내에서 이것에 대해 문제를 제기한 히파수스Hippasus, B.C. 500?~?를 죽이고 말았다는 야설도 전해집니다. 피타고라스학파는 이 수에 '비율이 아님', '말할 수 없음'이라는 뜻을 담아 '알로곤'이라고 이름 붙였는데, 이것이 바로 오늘날 무리수입니다.

한편, $a^2+b^2=c^2$인 정수 a, b, c가 존재한다는 사실에서 "n>2일 때, $a^n+b^n=c^n$인 정수 a, b, c가 존재할까?"라는 문제로 변형되어 그 유명한 페르마의 마지막 정리가 등장하게 됐습니다. 페르마의 마지막 정리는 다음과 같습니다.

> "n이 2보다 큰 자연수일 때 $x^n+y^n=z^n$ 방정식을 만족하는 자연수 해 (x, y, z)는 존재하지 않는다."

그리스의 수학자 디오판토스Diophantos, 246?~330?의 저서 《산술론 Arithmetica》한 발짝 더 84쪽에는 이미 어떤 주어진 유리수의 제곱을 두 개의 유리수의 제곱으로 바꾸는 문제, 즉 유리수 k에 대해 $k^2=u^2+v^2$인 유리수 u, v를 구하는 문제가 실려 있습니다. 우리가 앞에서 "만약 ~이 아니라면"에서 찾아낸 것처럼 정수가 아닌 경우를 구한 것이지요. 《산술론》에는 $k=4$일 때의 해답 $u=\frac{16}{5}$, $v=\frac{12}{5}$를 구하는 과정이 서술되어 있습니다.

17세기의 수학자였던 피에르 드 페르마Pierre de Fermat, 1601~1665는 《산술론》을 읽던 도중 해당 문제가 나온 책 귀퉁이에 "나는 이 명제에 관한 놀라운 증명을 찾아냈으나 여백이 부족해 적지 않는다"라고 썼다고 합니다. 즉, 피타고라스 정리를 변형하여 각 항들이 제곱이 아닌 "세제곱, 네제곱이라면?"이라고 새롭게 문제를 만들어서 그것이 불가능하다는 증명을 했다는 것이지요. 그 후 357년간 이 명제에 관한 증명은 나오지 않았습니다. 증명되지 않은 명제이므로 페르마의 마지막 정리가 아니라 '페르마 가설'이라고 부르는 것이 옳겠지만, 이 명제를 증명했다는 페르마의 주장과 처음에 이 문제를 제기한 것을 존중하여 예전부터 페르마의 마지막 정리라고 불러왔습니다. 그만큼 문제를 만들고 제기하는 것이 얼마나 중요한지 보여주는 예라 할 수 있지요.

두 번째 방법 | 주어진 문제를 풀고, 나온 결과를 바꾸어 다시 문제 만들기

두 번째 방법은 주어진 문제를 풀고, 그 결과를 스스로 바꾸어보고, 바뀐 결과를 얻으려면 조건이나 문제를 어떻게 구성해야 하는지를 물어보는 결과 바꾸기 방법입니다.

예를 들어, "$a^2+b^2=c^2$인 정수 a, b, c는 무엇인가?"라고 묻는다면, "3, 4, 5입니다"라고 답할 수 있습니다. 그런데 답을 "$\sqrt{2}$, $\sqrt{3}$, $\sqrt{5}$입

니다"라고 했을 때, 이 답이 나오게 하기 위해서는 "$a^2+b^2=c^2$인 무리수 a, b, c는 무엇인가?"라는 문제로 변형할 수 있습니다. 또 답을 "1, 1, $\sqrt{2}$"로 바꾸면 "$a^2+b^2=c^2$에서 c가 무리수가 되는 정수 a, b는 무엇인가?"로 문제를 변형할 수 있지요.

실제로 $\sqrt{2}$, $\sqrt{3}$, $\sqrt{5}$, $\sqrt{6}$, $\sqrt{7}$ 등은 위에서 제기된 문제를 해결하기 위해 작도하는 과정에서 수직선 위에 각각의 대응되는 위치를 나타낼 수 있게 됐습니다.

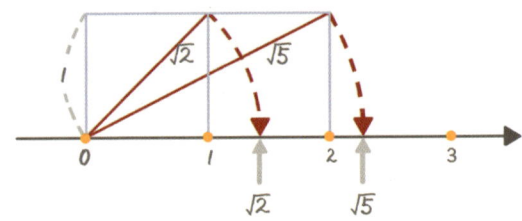

세 번째 방법 | 주어진 조건만으로 자유롭게 문제 만들기

세 번째 방법은 한 문제 상황에서 주어진 조건만 가지고 스스로 문제를 자유롭게 구성하는 방법입니다. 예를 들어, '$a^2+b^2=c^2$인 피타고라스 세 수'라는 조건이 주어졌다면, "서로소인 피타고라스 세 수는 몇 개일까?", "$c=a+2$인 피타고라스 세 수는 몇 개일까?", "이러한 피타고라스 세 수를 나타낼 수 있는 공식을 찾을 수 있을까? 또 이 수를 구하는 방법은 무엇인가?" 등 자유롭고 다양하게 문제를 만들 수 있을 것입니다.

또 모든 조건을 사용하지 않고 일부만 사용하거나 다른 조건을 추가하여 "n 자리의 수로서, 각 자리의 수를 n 제곱해서 더한 결과가 자신과 같은 수인 것은?", "상훈이는 배에서 보이는 산의 높이를 알아내려고 한다. 배에서 산 입구까지의 거리는 100m이고, 배에서 쳐다본 각도가 30°, 산 입구에서 산꼭대기까지의 각도가 45°라 할 때 산의 높이를 구하여라" 등의 문제도 만들어볼 수 있을 것입니다.

실제로 이러한 방법으로 제기된 문제들을 해결하기 위해 많은 수학자가 노력해오면서 새로운 수학 용어나 개념들이 생겨났습니다. 피타고라스 정리에서 시작되어 페르마의 마지막 정리로 발전한 것 외에도 문제 만들기에서 시작한 많은 예를 역사 속에서 찾아볼 수 있습니다. 그리스 시대의 탈레스Thales, ?~?는 "피라미드의 높이를 어떻게 구하지?"라는 문제를 해결하기 위해 연구하던 중 비례식과 닮음이라는 개념을 처음 생각하게 됐습니다. 또 그리스인들은 자와 컴퍼스만으로 도형을 그리는 작도에서 "원과 똑같은 넓이의 정사각형을 자와 컴퍼스로만 작도할 수 있을까?"라는 질문을 던졌습니다. 이 물음은 당시 명확히 해결되지 않다가, 오늘날 방정식의 해를 구하는 문제와 연결되어 불가능하다는 것이 밝혀졌고, 그러면서 방정식 연구의 완성도는 한층 높아졌습니다.

이 외에도 문제가 문제를 낳고 그것을 해결해가면서 수학이 발전한 예는 얼마든지 있습니다. 레온하르트 오일러Leonhard Euler, 1707~1783는 1735년 7개의 쾨니히스베르크 다리 문제, 즉 "각 다리를 두 번씩 건너지 않고 한 번에 모두 지나는 방법이 있는가?"라는 질문에 부정적인 대답을 했습니다. 그리고 이 질문은 그래프 이론을 낳은 계기가 됐습니다.

'평행하지 않은 두 직선은 만난다'는 사실에 기반을 둔 유클리드 기하학은 "평행하지 않은 두 직선이 만나지 않는다면?"이라는 문제에서 출발하여 비유클리드 기하학을 낳았으며, 도박사 슈발리에 드 마레Chevalier de Méré, 1607~1684가 블레즈 파스칼Blaise Pascal, 1623~1662에게 제기한 '점수 문제'는 확률 이론의 발단이 됐습니다.

이처럼 문제를 풀 때 단순히 답을 구하기 위해 문제에 달려들기보다 또 다른 문제를 만들어보고 새로운 질문을 던지는 자세를 기본으로 삼아야 창의적 수학 활동을 할 수 있습니다.

소수와 합성수를 골라낼 방법은?

이번에는 다른 상황에서 여러분이 직접 문제를 만드는 연습을 해 볼까요?

1단계. 의문과 호기심으로 문제 만들기

1934년 인도의 한 학생이었던 순다람Sundaram은 자신만의 새로운 수 패턴을 발견했습니다. 이것은 소수와 합성수를 찾아내어 분류하는 체로서의 역할을 하지요. 이 체를 그의 이름을 따서 '순다람

표3-2. 순다람의 체

	1열	2열	3열	4열	5열	6열	7열	8열	…
1행	4	7	10	13	16	19	22	25	…
2행	7	12	17	22	27	32	37	42	…
3행	10	17	24	31	38	45	52	59	…
4행	13	22	31	40	49	58	67	76	…
5행	16	27	38	49	60	71	82	93	…
…	…	…	…	…	…	…	…	…	…

의 체'라고 부릅니다.

  순다람은 소수를 찾기 위해 에라토스테네스의 체에 착안하여 앞에 나온 표3-2와 같은 수 배열을 구성했다고 합니다. 그는 이 수 배열에서 어떤 수 n이 이 배열에 있으면 2n+1은 합성수이고, n이 이 배열에 없으면 2n+1은 소수임을 밝혔습니다.

  예를 들어, 소수인 2, 3, 5, 11을 n이라 할 때, 이 수들은 순다람의 체를 구성하는 수 배열에 없을 뿐만 아니라 2n+1을 구한 $5(=2\times2+1)$, $7(=2\times3+1)$, $11(=2\times5+1)$, $23(=2\times11+1)$이 소수임을 확인할 수 있습니다. 이러한 순다람의 수 배열을 잘 관찰하여 문제를 만드는 연습을 해봅시다.

2단계. 주어진 문제 변형하기

첫 번째 방법 | "만약 ~이 아니라면" 전략 쓰기

  순다람의 체에서 찾아볼 수 있는 수 배열의 특징은 무엇인가요? 각각의 수에 일정한 연산을 해보면 또 어떤 특징을 발견할 수 있나요? 순다람의 체를 보고 알 수 있는 사실이나 성질을 되도록 많이 찾아 "만약 ~이 아니라면" 전략으로 다음 페이지의 표를 완성해보세요.

  우선 앞의 수 배열에서 알 수 있는 성질로는 행과 열이 서로 같고,

• **에라토스테네스의 체** 2를 시작으로 자연수를 차례로 배열한 후 2를 제외한 2의 배수, 3을 제외한 3의 배수 등 소수를 제외한 소수의 모든 배수를 차례로 제거하여 소수를 찾는 방법이다.

표3-3. "만약 ~이 아니라면" 전략으로 직접 문제 만들어보기

알 수 있는 사실/성질	만약 ~이 아니라면

각 행과 열은 그 차가 일정한 수 배열을 가짐을 알 수 있습니다. 즉, 1행은 4, 7, 10, 13, 16, 19, 22, 25, …로 정확히 3씩 차이가 나며, 2행은 7, 12, 17, 22, 27, 32, 37, 42, …로 5씩, 3행은 10, 17, 24, 31, 38, 45, 52, 59, …로 7씩 차이가 납니다. 이러한 특징이 각 행에 반복적으로 일어납니다. 열의 경우에도 1열은 3씩, 2열은 5씩, 3열은 7씩, 이런 식으로 차이가 나는 것을 알 수 있습니다. 또 두 연속하는 열 사이의 차이는 3, 5, 7, 9, 11, 13, 15, 17, …으로 그 차가 항상 일정하다는 것도 발견할 수 있습니다. 좀 더 수학적으로 표현하여 특징을 살펴보면 각 행을 i, 각 열을 j라 할 때 i행, j열의 수는 $i+j+2ij$임을 알 수 있습니다.

이때 "만약 그 차가 홀수가 아니라면, 즉 짝수라면"으로 변형하여 다른 수 배열을 만들 수 있을 것입니다. 또 "처음 1행 1열이 4가 아니라면"으로 변형하여 1이나 2, 3으로 시작할 수도 있습니다.

두 번째 방법 | 주어진 문제를 풀고, 나온 결과를 바꾸어 다시 문제 만들기

어떤 문제를 만들 수 있었나요? 자신이 만든 문제 중 하나를 선택해서 풀어보세요.

예를 들어, "1행 1열이 4로 시작하되, 각 행과 열이 차례로 그 차가 짝수인 수 배열을 구하시오"라고 문제를 만들었다면, 그 결과는 다음과 같은 새로운 수 배열이 되겠지요.

	1열	2열	3열	4열	5열	…
1행	4	6	8	10	12	…
2행	6	10	14	18	22	…
3행	8	14	20	26	32	…
4행	10	18	26	34	42	…
5행	12	22	32	42	52	…
…	…	…	…	…	…	…

위에서 푼 문제의 결과를 바꾸어, 바뀐 결과가 나오도록 또 문제를 새로 만들어보세요.

앞의 예의 결과를 바꾸어 다음과 같은 홀수의 수 배열로 그 결과를 바꾸었다면, 이 경우의 문제는 "각 수는 홀수이면서 각 행과 열이 차례로 그 차가 짝수인 등차수열˙을 이루는 수 배열을 구하시오"가 됩니다.

	1열	2열	3열	4열	5열	...
1행	1	3	5	7	9	...
2행	3	7	11	15	19	...
3행	5	11	17	23	29	...
4행	7	15	23	31	39	...
5행	9	19	29	39	49	...
...	...	...	...	...	...	...

세 번째 방법 | 주어진 조건만으로 자유롭게 문제 만들기

순다람의 체의 수 배열에서 관찰한 사실을 바탕으로 자유롭게 문제를 많이 만들어보세요.

● **등차수열** 각 항이 그 앞의 항에 일정한 수를 더한 것으로 이루어진 수 배열을 등차수열이라 한다.

어떻습니까? 한 학생의 작은 호기심에서 비롯된 것이 어엿하게 자신의 이름이 붙은 수학적 발견으로 탄생했습니다. 여러분도 작은 특징에 관심을 가져보고 문제를 구성해보는 습관을 키워보면 어떨까요?

한 발짝 더
디오판토스의 《산술론》

그리스의 수학자 디오판토스는 대수학의 창시자라 할 수 있습니다. 그 이유는 디오판토스가 식에서 최초로 숫자 대신 문자를 사용했기 때문입니다. 물론 지금의 방정식에 흔히 등장하는 x, y 등의 문자를 사용한 것은 아닙니다.

대수代數란 간단히 말하면 수를 대신한다는 의미입니다. 대수학은 이처럼 수를 대신해 문자를 쓰고, 그 문자가 포함된 방정식 풀이를 연구하는 데서 시작되어 오늘날에는 대수적 구조를 연구하는 학문으로 발전해왔습니다.

디오판토스의 생애에 대해서는 거의 알려진 바가 없지만 남아 있는 자료 등을 통해 서기 250년경 알렉산드리아에 살았던 것으로 추정됩니다. 이와 관련해서 디오판토스의 비문으로 교과서에도 실린 다음의 방정식 문제가 잘 알려져 있습니다.

1621년 라틴어로 번역된 디오판토스의 《산술론》

> 디오판토스는 생애의 6분의 1을 어린이로 지냈고, 그 뒤 12분의 1을 더 산 후 얼굴에 수염이 자랐다. 다시 7분의 1이 지난 뒤 결혼을 했다. 결혼하고 5년 후에 아들을 얻었고, 아들은 아버지 나이의 2분의 1만큼 살았다. 아버지는 아들이 죽고 4년 후에 죽었다.

디오판토스의 나이를 x라고 하면, 이 수수께끼를 아래와 같은 방정식으로 나타낼 수 있습니다.

$$x = \frac{1}{6}x + \frac{1}{12}x + \frac{1}{7}x + 5 + \frac{1}{2}x + 4$$

이 방정식을 풀면 x의 값은 84로 나옵니다. 즉, 디오판토스의 수명은 84세였다는 것이지요. 디오판토스는 자신의 저서 《산술론》에 대수방정식을 푸는 방법을 설명해놓았습니다. 《산술론》은 16~17세기에 번역되어 19세기에 유럽 전역의 대수학 발전에 큰 영향을 미쳤을 뿐 아니라 아랍 수학에도 영향을 미쳤습니다. 디오판토스를 '대수학의 아버지'라고도 부르는데, 그 이유가 여기에 있는 것이지요.

《산술론》에 나오는 '디오판토스 방정식'은 정수로 된 해만을 허용하는 방정식입니다. 거듭제곱 항도 포함된 이 방정식의 각 항들은 덧셈과 곱셈 연산으로 연결되며, 이때 모든 계수는 정수이고 그 해도 정수가 됩니다. 예를 들어, $ax+by=c$(모든 문자는 정수, a, b, c는 상수, x, y는 미지수) 같은 형태의 방정식을 '선형 디오판토스 방정식'이라고 하는데, 이 경우 방정식의 해는 무수히 많습니다.

디오판토스 방정식의 또 다른 예는 여러 수학자를 울렸던 방정식, 바로 페르마의 마지막 정리인 $x^n+y^n=z^n$입니다. 앞서 n=2일 때에는 무수히 많은 해가 존재하며, 이 해를 '피타고라스 세 수'라고 한다는 것을 설명했습니다. n>2인 경우에는 페르마의 마지막 정리에 따라 정수해가 존재하지 않는다는 것이 밝혀졌습니다. 디오판토스 방정식의 일반형인 다음과 같은 형태의 이차방정식은 20세기에 이르러서야 정리됐습니다.

$$ax^2=k, \quad ax^2+by^2+cxy=k$$
$$ax^2+by^2+cy^2+dxy+eyz+fzx=k$$

이러한 디오판토스 방정식을 연구하는 분야를 오늘날 '디오판토스 해석학'이라고 부릅니다.

삶은 수학
소유와
주인 의식

여러 가지 방법을 활용하면 끊임없이 문제를 만들 수 있습니다. 특히 수학자들은 질문에 질문을 더하여 문제를 확장하면서 지금 우리가 배우고 있는 이 커다란 수학 체계를 만들어냈습니다. 그리고 지금도, 앞으로도 이러한 확장은 계속되겠지요.

그런데 여기서 함께 생각해볼 부분이 있습니다. 바로 '소유'라는 의미입니다. 소유는 눈에 보이는 물질적인 재산 분할에서뿐 아니라 눈에 보이지 않는 비물질적인 저작물에서도 따져봐야 할 개념입니다. 또한 소유는 공부의 주체가 누구인가에 대해서도 물음을 던집니다. 흔히 학교에서 선생님들이 지난해에 가르친 내용에 대해 "이미 배웠지?"라고 질문하면, 학생들은 으레 "안 배웠어요"라고 답하곤 합니다. 선생님은 가르쳤는데 학생들은 안 배웠다는 말은 곰곰이 따져보면 틀리지 않았습니다. 학생이 스스로 배우지 않으면 선생님이 아무리 가르쳤어도 배운 것이 아니니까요.

이제 스스로 공부의 주인이 되어보길 바랍니다. 그 첫걸음으로 주어진 문제를 풀기만 하는 것이 아니라 스스로 문제를 만들어보는 것부터 시작해봅시다. 어느 순간 수학 공부에 내가 주인이 되어 있는 자신의 모습을 발견하게 될 것입니다.

수학을 통해서 여러분은 '창의적 문제 해결자'뿐만 아니라 '창의적 문제 출제자'가 될 수 있습니다. 늘 호기심과 관심을 가지고 "왜 그럴까?"라는 질문을 던지면서 "만약 ~이 아니라면?"이란 사고로 수학을 공부한다면 수학을 보는 눈이 보다 넓어질 것이고, 더 이상 수학이 남의 것이 아닌 나의 것이 될 것입니다.

스스로 해봐요

다음 문제에서 제시하는 다양한 방법을 활용하여 나만의 문제를 만들어보고, 이를 해결해봅시다.

❶ 방법 : "만약 ~이 아니라면" 전략 활용하기

서영이는 한자카드 3세트를 세트당 500원에 구입했습니다. 서영이가 쓴 돈은 얼마일까요?

> 내가 만든 문제)

❷ 방법 : 주어진 문제를 풀고 나온 결과를 바꾸는 전략 활용하기

아래 왼쪽의 수 배열은 맨 처음 1로 시작하여, 양 끝은 1이고 이전 행의 두 수의 합이 다음 행의 값과 같은 삼각형 모양으로 이루어져 있습니다. 이 삼각형 모양의 수 배열을 '파스칼 삼각형'이라 합니다.

```
        1
       1 1
      1 2 1
     1 3 3 1
    1 4 6 4 1
   1 5 10 10 5 1
```

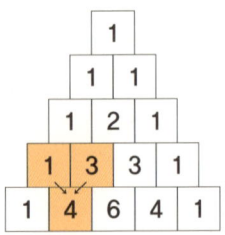

이 수 배열에서 각 행의 모든 수의 합을 구하고, n번째 행에 나열된 수의 합을 구해봅시다.

내가 만든 문제)

❸ 방법 : 주어진 조건을 이용하여 자유롭게 문제를 만드는 전략 활용하기
주어진 조건 : 삼각형, 3, 4

내가 만든 문제)

2부

두근두근
수학적 의사소통

4장
내가 직접 수학을 정의한다

정의(定義)란 무엇인가

    수학은 도대체 언제부터 있었던 것일까요? 수학에 등장하는 수많은 정의는 처음부터 완성된 형태인 것일까요? 정의는 수년 또는 수백 년 동안 수학자들 사이에서 합의된 결과입니다. 일종의 약속이지요. 어떤 수학자들도 아무런 목적이나 규칙 없이 정의를 내리지 않습니다. 정의란 다른 사람도 받아들일 만큼 유용하고 타당하다고 생각될 때 사용되니까요.

    도형을 예로 정의를 생각해봅시다. 도형을 정의하는 것은 일종의

수학 교과서	4장에 사용된 개념
중학교 1학년	소수, 평면도형, 입체도형
중학교 2학년	무리수
고등학교	복소수, 확률, 무한급수, 삼차방정식

도형들에 이름을 붙여주는 일과도 같습니다. 아무 도형에다가 삼각형, 사각형, 오각형 등으로 이름을 붙이지 않지요. 도형들의 특징을 살펴 예가 될 수 있는 모든 것을 아우르는 적절한 특징을 잡아내야 합니다. 그리고 알맞은 이름을 붙여주는 것이지요.

 만약 그 예들을 아우를 수 있는 또 다른 특징이 있다면, 그 특징에 알맞게 정의할 수 있습니다. 정의는 꼭 하나일 필요는 없습니다. 예를 들어, 이등변삼각형을 '두 변의 길이가 같은 삼각형'으로 정의할 수도 있고, '두 내각의 크기가 같은 삼각형'으로 정의할 수도 있습니다. 한 정의를 듣고 사람들이 생각해내는 수학적 내용과 다른 정

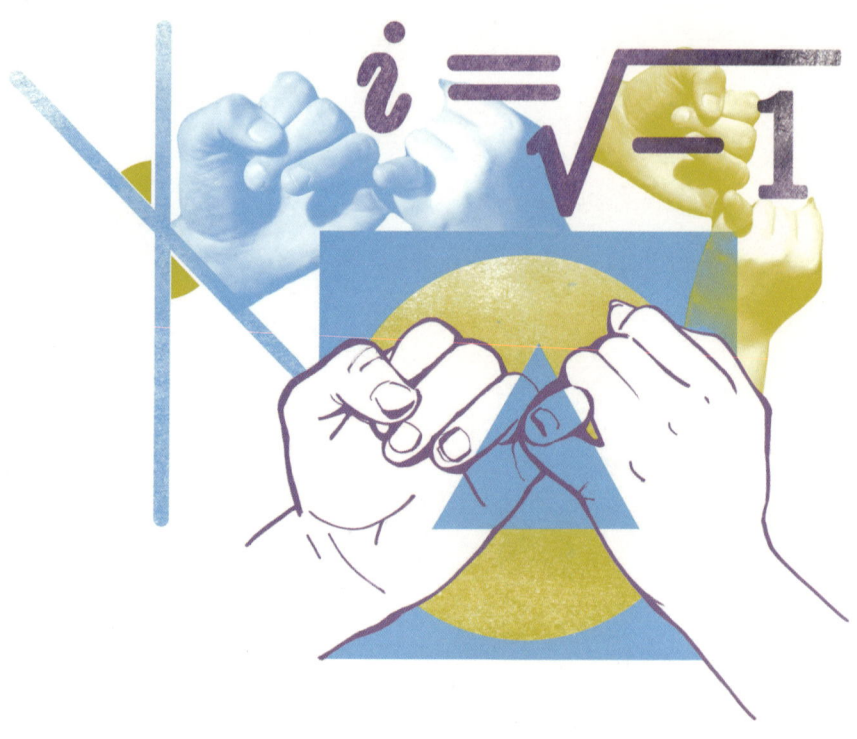

의를 듣고 생각해내는 수학적 내용이 같을 때 두 정의는 양립할 수 있게 됩니다. 이처럼 같은 대상에 관한 서로 다른 정의가 존재한다면, 사실상 두 정의는 동치 관계에 있다고 할 수 있지요.

수학이 딱딱하고 재미없는 이유는 다른 사람이 만들어놓은 정의를 외워서 사용해왔기 때문이 아닐까요? 주어진 정의를 받아들이는 것도 중요하지만, 내가 직접 그 뜻을 정의하는 경험을 해본다면 수학이 더 이상 딱딱하고 재미없지만은 않을 것입니다.

내가 만드는 수학 개념

 수학을 딱딱하고 어렵게 만드는 첫째 범인은 바로 다른 사람이 만들어놓은 정의를 절대적인 약속으로 여기고 외워야만 한다는 것입니다. '아, 피타고라스만 없었다면 내가 수학 때문에 이 고생을 안 해도 될 텐데'라는 원망 섞인 생각을 안 해본 사람이 거의 없을 것입니다. 그렇다면 내가 직접 수학을 정의해보면 어떨까요?

 정육면체를 상상하면서 정육면체를 설명할 수 있는 한 문장을 적어보세요. 예를 들어, 공책에 적은 정육면체에 대한 설명들이 다음과 같다고 해봅시다.

- 준서 : 이것은 위에서 보면 정사각형으로 보이는 입체도형입니다.
- 혜연 : 이것은 합동인 여섯 개의 면으로 둘러싸인 입체도형입니다.
- 승민 : 이것에 점을 붙이면 여러 가지 게임을 할 때 사용하는 즐거운 도구가 됩니다.
- 서연 : 이 입체도형은 안정적이면서 듬직한 느낌을 주며, 균형을 잃지 않습니다.

 준서, 혜연, 승민, 서연이의 설명 중에서 한 번에 정육면체임을 알아차릴 수 있는 것은 무엇인가요? 각 설명은 정육면체의 어떤 특징에 해당하나요? 먼저 준서와 혜연이의 설명은 정육면체의 면의 모양이나 개수와 같은 수학적 성질에 관련된 것이지만, 승민이와 서연이의 설명은 정육면체의 수학적 성질보다는 정육면체가 생활에서 어떻게 활용되는지 또는 정육면체가 어떤 느낌을 주는지에 관련된 것입니다.

수학 개념을 정의하는 활동에 초점을 맞추어 수학적 성질과 관련된 준서와 혜연이의 설명에 대해서 좀 더 자세히 살펴봅시다. 준서는 "위에서 보면 정사각형으로 보인다"라는 정육면체의 성질을 설명했습니다. 그러나 이 설명을 듣고선 단번에 정육면체임을 알아챌 가능성은 낮습니다. 왜냐하면 정육면체뿐만 아니라 직육면체, 정사각뿔 등 위에서 봤을 때 정사각형인 입체도형은 많이 있기 때문입니다. 만약 이 설명을 듣고 정사각뿔이라고 말하는 친구가 있다면, 준서는 "앞이나 옆에서 보아도 정사각형으로 보인다"라는 설명을 추가하여 친구가 정육면체라고 말할 수 있도록 이끌어낼 수 있을 것입니다. 만약 준서가 처음부터 "이것은 위, 옆, 앞 어느 쪽에서 보더라도 정사각형으로 보이는 입체도형입니다"라고 설명했다면 한 번에 정육면체임을 알아챌 가능성은 높아지겠지요.

그렇다면 '위, 옆, 앞 어느 쪽에서 보더라도 정사각형으로 보이는 입체도형'이라는 것이 정육면체의 정의가 될 수 있을까요? 다음 페이지의 그림과 같은 입체도형은 어떤가요?

속이 빈 정육면체, 사진틀 모양의 입체도형, 계단 모양으로 쌓아 올린 입체도형 역시 정육면체는 아니지만 위, 옆, 앞에서 보면 모두

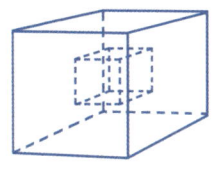 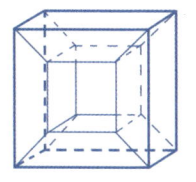 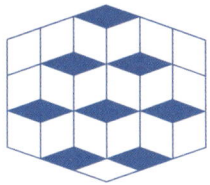

정사각형으로 보이는 입체도형이 분명합니다. 따라서 '위, 옆, 앞 어느 쪽에서 보더라도 정사각형으로 보이는 입체도형'이라는 것이 정육면체의 정의가 될 수 없겠지요.

정육면체를 정의하는 활동은 정육면체가 가지고 있는 여러 가지 수학적 성질을 탐색하여 그 중에서 정육면체를 다른 입체도형과 구별할 수 있는 정육면체만의 독특한 성질을 발견하는 것입니다. 다시 말해, '정육면체는 ☐이다'라고 정의를 한다면 '☐이기만 하면 모두 정육면체이다'라고 말할 수 있어야 한다는 것이지요. 정육면체는 위, 옆, 앞에서 봤을 때 모두 정사각형으로 보입니다. 그러나 이렇게 보이는 입체도형이라고 해도 그것은 정육면체가 아닐 수도 있기 때문에 '위, 옆, 앞 어느 쪽에서 보더라도 정사각형으로 보이는 입체도형'이라는 것이 정육면체의 정의가 될 수 없습니다.

이제 혜연이의 설명을 살펴볼까요? 혜연이는 정육면체를 '합동인 여섯 개의 면으로 둘러싸인 입체도형'으로 설명했습니다. 이것은 정육면체의 정의가 될 수 있을까요? 다음 페이지의 그림과 같은 입체도형을 살펴봅시다.

이 도형은 모두 합동인 여섯 개의 정삼각형 면으로 둘러싸인 육

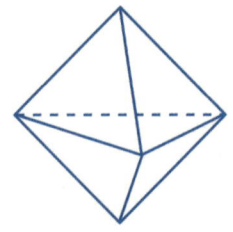

면체입니다. 하지만 이것이 정육면체는 아니지요. 그렇다면 정육면체의 정의가 되려면 어떤 조건이 추가되어야 할까요? 이 도형과 정육면체는 무엇이 다를까요? 바로 면의 모양입니다. 즉, 면이 '정사각형'이라는 것을 추가하여 '정육면체는 합동인 여섯 개의 정사각형 면으로 이루어진 볼록한 입체도형'이라고 정의할 수 있습니다.

소수의 정의는 무엇인가

 '어차피 수학 개념은 딱 하나로 정해져 있는데 내가 만든다고 해서 다를 게 있을까?'라고 생각하는 사람도 있을 수 있습니다. 그러나 아무리 간단해 보이는 수학 개념일지라도 이것을 정의할 때 수학자들 간에 서로 다른 의견을 가질 수 있어요.

 예를 들어 소수의 정의를 생각해봅시다. 흔히 '소수는 약수가 오직 1과 자기 자신뿐인 자연수'이고 '합성수는 1과 자기 자신 이외의 약수가 있는 자연수'라고 정의합니다. 이 정의를 한 번 더 들여다보면 자연수의 약수의 개수에 초점을 맞추어 소수와 합성수를 다시 정의할 수 있습니다. 즉, '소수는 약수의 개수가 오직 2개인 자연수'이고 '합성수는 약수의 개수가 3개 이상인 자연수'라고 설명하는 것입니다. 이 설명은 받아들이기 더 쉬울 뿐만 아니라 주어진 자연수가 소수인지 합성수인지 판별하는 데 더 분명해 보이는 기준을 제공하는 정의일 수 있습니다. 사실 1보다 큰 소수들은 모두 1과 자기 자신이라는 정확히 2개의 약수를 가지고 있으며, 4 이상의 합성수는 모두 3개 이상의 약수를 가지고 있습니다. 그런데 여기서 잠깐! 자연수 1의 약수는 몇 개일까요? 그렇다면 자연수 1은 소수일까요, 합성수일까요? 자연수 1의 약수는 오로지 1뿐입니다. 전자의 정의처럼 소수는 약수가 1과 자기 자신뿐인 자연수라고 한다면, 1은 소수의 정의를 만족하게 됩니다. 그러나 소수를 약수의 개수가 오직 2개인 자연수라고 정의한다면, 1은 약수의 개수가 단 1개뿐이므로 소수가 아닙니다. 과연 1은 소수일까요, 아닐까요?

사실 이에 대한 논쟁은 수학자들 사이에서도 쉽게 합의점을 찾지 못했습니다. 많은 수학자가 소수에 대한 여러 대수적인 정의 또는 기하학적인 정의를 내놓았지만, 어떤 정의에 따르면 1은 소수가 되고 또 어떤 정의에 따르면 1은 소수가 아니게 되어 소수에 대한 명확한 정의를 찾지 못했던 것입니다. 20세기 초에 이르러서야 수학자들은 소수의 수학적 역할에 초점을 두게 됐고, 소인수분해의 유일성과 관련하여 1을 소수에서 제외하기로 합의합니다. 비로소 자연수 중 소수는 '2 이상의 자연수 가운데 1과 자기 자신만을 약수로 가지는 수' 또는 '약수의 개수가 오직 2개인 자연수'라고 정의할 수 있게 됐습니다.

허수의 정의는 무엇인가

중학생 때까지만 해도 제곱해서 음수가 되는 수는 없다고 배우다가, 고등학교에 들어가면 돌연 그런 수가 등장합니다. 제곱해서 -1이 되는 수를 $\pm i$로 정의하지요. 갑작스럽게 등장한 i를 허수의 기본 단위로 정의하고 복소수로 확장된 수 체계를 외워야 한다면 당연히 흥미가 떨어질 수밖에 없겠지요. 실제로 i가 정립되기까지는 약 300여 년의 시간이 걸렸습니다. 그 기간 동안 지롤라모 카르다노 Girolano Cardano, 1501~1576, 라파엘 봄벨리 Rafael Bombelli, 1526~1572, 오일러, 칼 가우스 Carl Gauss, 1777~1855 등의 수학자들을 거쳐 삼차 이상의 방정식을 만족하는 수를 찾으면서 근호 안에 음수가 되는 수를 처리해야만 했습니다. 그렇게 i가 탄생하면서 허수를 수로 받아들이게 됐지요. 그렇다면 수학자들이 허수 단위 i를 어떻게 정의하게 됐는지, 실제로 그 과정을 따라가 보면서 수학적 개념을 정의하는 방법을 알아봅시다.

i가 처음 발견된 16세기로 거슬러 올라가 봅시다. 당시만 해도 수는 실제적인 양을 가져야 한다고 사람들은 생각했어요. 예를 들어, 이차방정식 $x^2+2x-24=0$을 가로와 세로의 길이의 차가 2이고, 넓이

가 24인 직사각형의 한 변의 길이를 구하는 문제로 해석했어요.

다시 말하면, 일차방정식은 선분을 해결하는 문제, 이차방정식은 넓이를 해결하는 문제, 삼차방정식은 부피를 해결하는 문제로 봤던 것이지요.

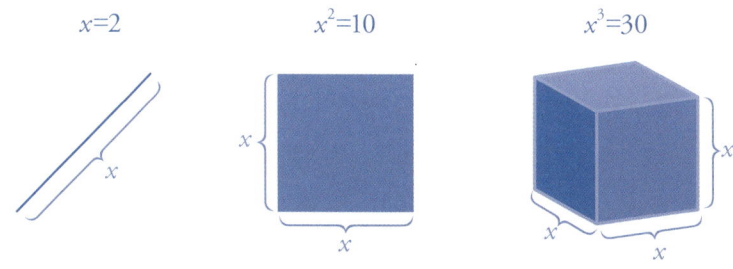

이처럼 미지수 x는 선분의 길이가 되는 양으로 해석했고, 사차방정식이나 오차방정식 등과 같은 고차방정식은 x^4이나 x^5이 되는 양을 생각할 수 없었기 때문에 문제의 대상이 되지도 않았습니다.

이러한 수학사적 배경을 바탕으로 카르다노는 1545년에 일반적인 삼차방정식의 풀이법을 정리하여 《위대한 예술 또는 대수적 규칙, 하나의 책 *Ars Magna, seu de Regulis Algebraicis, Liber Unus*》을 집필

했습니다. 이 책에서 처음으로 허수가 등장하지요. 예를 들어, 카르다노는 합이 4가 되는 두 수를 곱했을 때 10이 나오는 경우를 다음과 같이 생각해봤어요.

4를 반으로 잘라 한 변이 2가 되는 정사각형을 만들고, 한 귀퉁이에서 한 변을 x로 하는 작은 정사각형을 오려내면 남은 평면의 넓이는 $4-x^2$이 된다. $4-x^2$이 10이 되는 x의 값은 얼마인가?

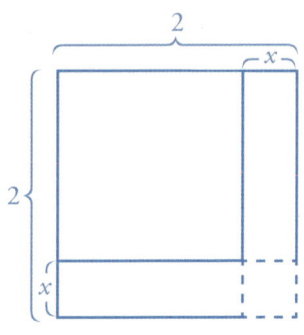

이때 x는 제곱을 했을 때 -6이 나와야 되는 수입니다. 그런 양을 생각할 수 있나요? 그럴 수 없었기 때문에 카르다노는 굉장히 혼란스러워 했어요. 이렇게 출현 자체만으로도 당혹감을 안겨줬던 음수의 제곱근에 대해서 카르다노는 《위대한 예술 또는 대수적 규칙, 하나의 책》에 다음과 같이 기록했습니다. "이것은 궤변적이며 설령 정밀하게 이것의 정체를 알아낸다고 해도 그 수학의 실용적인 용도는 없다."

1단계. 수학적 개념 관찰하기

카르다노는 허수를 실제로 계산해내기는 했지만 그것을 더 탐색하고 의미를 찾아보려고 시도하지는 않았어요. 하지만 카르다노의 뒤를 이어 봄벨리는 구체적으로 그 수의 특징을 관찰하고 그 수를 정의하고자 하는 방향을 탐색했습니다. 봄벨리의 허수 탐구는 삼차방정식을 해결하면서 윤곽을 드러냈습니다.

카르다노는 《위대한 예술 또는 대수적 규칙, 하나의 책》에서 삼차방정식 $x^3=px+q$(단 p, $q>0$)의 근의 공식^{한 발짝 더 108쪽}은 다음과 같음을 증명했지요.

$$x=\sqrt[3]{\frac{q}{2}+\sqrt{\left(\frac{q}{2}\right)^2-\left(\frac{p}{3}\right)^3}}+\sqrt[3]{\frac{q}{2}-\sqrt{\left(\frac{q}{2}\right)^2-\left(\frac{p}{3}\right)^3}}$$

삼차방정식의 일반적인 풀이법은 없을 것이라는 생각이 팽배했던 때, 카르다노가 발견한 삼차방정식 풀이법은 수학적으로 큰 성과라고 할 수 있습니다. 그런데 이 풀이법으로 해결되지 않는 삼차방정식이 곧 발견됐지요. 바로 $x^3=15x+4$예요. 이 삼차방정식은 실근인 4 말고도 근호 안에 음수가 들어가는 다음과 같은 근이 발생했습니다.

$$x=\sqrt[3]{2+\sqrt{-121}}+\sqrt[3]{2-\sqrt{-121}}$$

음수조차 수로 인정하기 힘들어했던 시대에 근호 안에 음수가 있는 수라니 얼마나 괴상한 수라고 생각했을까요? 봄벨리는 카르다노의 생각을 발전시켜서 다음과 같이 과감하게 식을 만들었습니다.

$$\sqrt[3]{2+\sqrt{-121}}+\sqrt[3]{2-\sqrt{-121}}=4$$

카르다노의 공식에는 어떤 오류도 발견되지 않았고 $x^3=15x+4$는 $x=4$라는 실근을 가진다는 건 명백했으므로, 봄벨리는 이렇게 하여 음수의 제곱근을 해석하고 그 의미를 찾기 시작했습니다. 즉, 위의 식이 성립함을 증명하기 위해서 제곱근 안에 음수가 들어간 새로운 수에 실수의 연산 규칙을 적용해보는 등의 시도를 함으로써 음수의 제곱근에 진지하게 관심을 기울이게 된 것입니다.

2단계. 속성 탐색하기

본격적으로 음수의 제곱근의 속성을 탐색해봅시다. 제곱해서 -121이 되는 $\sqrt{-121}$은 도대체 어떤 수일까요? 기본 아이디어는 $\sqrt{a}$에서 a의 범위를 양의 실수에서 음의 실수까지 확장시켰다는 것입니다. 그렇다면 실수 체계에서 성립하는 연산 규칙을 근호 안에 적용해볼 수 있을 것입니다.

$$\sqrt{-121}=\sqrt{(11)^2\times(-1)}=11\sqrt{-1}$$

위의 식을 통해 알 수 있는 것처럼 $a(a>0)$에 대하여 일반적으로 다음 식이 항상 성립한다는 것을 알 수 있습니다.

$$\sqrt{-a}=\sqrt{a}\sqrt{-1}$$

3단계. 종합하여 합의하기

이제 어떤 음수의 제곱근도 $\sqrt{-1}$만 있으면 실수처럼 다룰 수 있는 일종의 수임을 이해할 수 있을 것입니다. 이러한 수가 바로 허수이지요. 따라서 허수의 기본 단위는 $\sqrt{-1}$이 됩니다. 물론 $\sqrt{-1}$ 대신 $-\sqrt{-1}$을 새로운 수 체계의 기본 단위로 생각하여 다음과 같이 표현할 수도 있습니다.

$$\sqrt{-a} = -\sqrt{a}\,(-\sqrt{-1})\ (a>0)$$

하지만 마이너스 기호만 늘어나서 괜히 더 복잡해 보일 뿐이지요. 즉, $-\sqrt{-1}$보다는 $\sqrt{-1}$을 기본 단위로 생각하는 것이 합리적입니다.

4단계. 정의 도출하기

지금까지 한 것처럼 $\sqrt{-1}$을 먼저 정의하고선 $\sqrt{-1}$이 포함된 허수를 알아낸 것이 아니라, 허수를 먼저 발견하고 나서 $\sqrt{-1}$을 기본 단위로 합의했던 것입니다.

지금의 근호(16세기 당시에는 $\sqrt{}$ 기호가 없었고, 'Rm•:'을 사용함)를 사용하여 허수의 기본 단위를 표현하는 것도 좋지만, 새로운 수의 단위가 만들어졌으니, 간단한 문자를 도입하여 표현해보는 것

• **Rm** Root minus를 축약하여 쓴 표현이다.

은 어떨까요? 그렇다면 어떤 문자를 사용하는 것이 좋을까요?

이미 잘 알고 있는 것처럼 $\sqrt{-1}$은 i로 표현합니다. 허수가 '상상의 수imaginary number'라는 것을 생각해보면 imaginary의 앞 글자를 따서 i라고 표현했다는 것을 쉽게 이해할 수 있을 것입니다.

5단계. 정의 적용하기

음수의 제곱근이 포함된 방정식의 근을 이해하기 위해 실수와 허수의 합으로 이루어진 복소수의 개념이 등장했고, 허수의 단위를 정하고 나니 $a+bi$(a, b는 실수) 꼴의 복소수를 이해할 수 있게 됐습니다.

이와 같이 개념을 정의하는 활동은 주로 다음의 과정에 따라 해 볼 수 있어요. 먼저 정의하고자 하는 수학 개념의 특징을 관찰하면서 개념을 어떻게 정의할지에 대해 논의하는 것이 필요합니다. 이때 개념을 만족시키는 여러 가지 예를 관찰하면서 공통된 성질을 가능한 한 많이 찾아보는 것이 도움이 됩니다. 또한 정의하고자 하는 개념과 관련된 수학사를 찾아서 읽어보는 것도 탐색의 폭을 넓힐 수 있겠지요. 다음으로 앞 단계에서 스스로 얻은 결과들을 종합하여 서로 합의할 수 있는 정의를 도출해요. 이것은 하나의 개념에 대한 여러 가지 가능한 대안을 비판적으로 분석하여 모두가 인정할 수 있는 정의를 선택하는 과정입니다. 마지막으로 정의한 개념을 다양한 예에 적용하면서 평가와 검증을 합니다. 물론 이 과정에서 필요

에 따라 이미 정의한 수학 개념이 수정될 수도 있지요.

수학적 개념 관찰	특징을 관찰하고 정의의 방향 논의
⇩	
속성 탐색	관찰한 속성, 특징 나열 속하는 예를 통해 특징 탐구 관련 수학사 탐구
⇩	
종합, 합의	여러 가능한 대안에 대한 비판적 분석
⇩	
정의 도출	종합, 합의의 결과로 정의 도출
⇩	
정의 적용	정의한 개념을 예에 적용 평가와 검증

여러분이 수학 개념을 직접 정의해봤다면, 아래 질문들을 활용해 정의가 잘 만들어졌는지 확인할 수 있습니다.

- 포함해야 될 것은 모두 포함됐는가?
- 불필요한 것이 포함되거나 중복된 서술을 하지 않았는가?
- 분명하지 않고 애매한 용어를 사용하지는 않았는가?
- 이미 알고 있는 수학적 용어들로만 구성했는가?
- 용어를 순환하여 설명하지는 않았는가?
- 다른 개념과 구분하기에 충분한가?

• 모두에게 합의되고 수용될 수 있는 내용인가?

이제 자신의 아이디어로 수학 개념 정의하기에 도전해보세요. 스스로 수학 개념을 정의하려는 노력은 여러분 각자가 수학자가 되는 경험을 할 수 있게 도와줄 것입니다.

임의의 삼차방정식 $ax^3+bx^2+cx+d=0$의 근의 공식을 구하기 위해서는 이차방정식의 근의 공식을 구하려고 했던 것처럼 우선 방정식을 단순하게 만들어야 합니다.

첫 번째, 삼차항의 계수 a로 양변을 나눠주고, 이차항의 계수를 없애기 위해 $x=s-\dfrac{b}{3a}$로 치환합니다.

$ax^3+bx^2+cx+d=0$ 양변을 a로 나눈다.

$x^3+\dfrac{b}{a}x^2+\dfrac{c}{a}x+\dfrac{d}{a}=0$ $x=s-\dfrac{b}{3a}$로 치환한다.

$s^3+ps+q=0$

두 번째, 일반적으로 이차항의 계수가 0인 삼차방정식의 근의 공식만 구하면, 삼차방정식의 근을 찾을 수 있습니다. 이차항의 계수가 0인 삼차방정식 $x^3=px+q$의 근을 구해봅시다. 그러기 위해서 다음 항등식과 삼차방정식을 비교해서 살펴보세요.

$$(a+b)^3 = 3ab(a+b) + a^3 + b^3$$

$$x^3 = px + q$$

항등식에서 a, b를 $3ab=p$, $a^3+b^3=q$로 놓으면 x는 $a+b$의 값을 이용하여 구할 수 있습니다. x를 구하기 위해 a^3과 b^3을 두 근으로 하는 이차방정식을 만들면 다음과 같습니다.

$$t^2 - (a^3+b^3)t + a^3 b^3 = 0$$

$$t^2 - qt + \left(\frac{p}{3}\right)^3 = 0$$

위의 식을 t에 관한 이차방정식의 근의 공식을 이용해 해를 구하면 다음과 같습니다.

$$t = \frac{q \pm \sqrt{q^2 - \frac{4}{27}p^3}}{2}$$

$$= \frac{q}{2} \pm \sqrt{\left(\frac{q}{2}\right)^2 - \left(\frac{p}{3}\right)^3}$$

따라서 이차방정식의 두 근으로 삼았던 a^3과 b^3은 다음과 같이 구할 수 있습니다.

$$a^3 = \frac{q}{2} + \sqrt{\left(\frac{q}{2}\right)^2 - \left(\frac{p}{3}\right)^3}$$

$$b^3 = \frac{q}{2} - \sqrt{\left(\frac{q}{2}\right)^2 - \left(\frac{p}{3}\right)^3}$$

궁극적으로 구하고자 했던 x는 $a+b$로 구할 수 있으므로 x는 다음과 같이 구해집니다.

$$x = \sqrt[3]{\frac{q}{2} + \sqrt{\left(\frac{q}{2}\right)^2 - \left(\frac{p}{3}\right)^3}} + \sqrt[3]{\frac{q}{2} - \sqrt{\left(\frac{q}{2}\right)^2 - \left(\frac{p}{3}\right)^3}}$$

삶은 수학
함께하는 수학

수학 정의는 가장 효율적이면서도 모순이 없도록 수학자들이 끊임없이 사고하며 합의한 결과입니다. 한 수학자의 노력만으로 만들어진 것이 결코 아니며, 많은 수학자가 공동으로 노력해서 만들어진 것이지요.

어떤 수학 개념도 처음부터 이름이 있고, 정확한 정의로 존재했던 것은 아닙니다. 지금 배우고 있는 수학이 그렇게 보일 뿐이지요. 수학자들이 조금씩 꾸준히 노력한 결과 수학 개념이 발전해 지금의 모습을 띠고 있는 것입니다.

수학은 혼자 고민하고, 혼자 해결하는 것이 아닙니다. 동료와 함께 고민하고, 그 과정에서 합의점에 도달하는 협력이 필요하지요. 협력의 과정에서 공동의 책임과 공동의 의무가 발생합니다. 예를 들어, 어떤 수학 개념을 우리 반에서 정의했다면 그것은 누구 한 명의 생각으로 정해진 것이 아니며, 만약 그 정의에 오류가 있다고 하면 누구 한 명의 책임이 아닌 공동의 책임이지요.

함께하는 수학을 하기 위해서는 자신의 생각을 과감하게 수정할 수 있는 용기가 필요하고, 타인의 의견을 존중하는 자세도 필요합니다. 자신의 논리에 오류를 발견했을 때 그것을 인정하는 자세도 필요하고, 모두가 아니라고 하더라도 자신의 논리가 타당하면 타인을 꾸준히 설득하는 일 또한 필요하지요. 이러한 자세는 수학 개념을 만들어내는 수학자에게 꼭 필요합니다.

수학 개념을 학습할 때 주어진 그 자체로만 받아들이지 말고 잠시 그 개념을 도출해낸 수학자들의 고뇌와 협력의 자세를 느끼고, 학급 친구들과 함께 새롭게 개념을 정의하는 활동을 해보는 것은 어떨까요? 함께하는 수학의 의미를 깨우칠 수 있을 것입니다.

스스로 해봐요

다음 평면도형들을 서로 특징이 비슷한 것끼리 찾아 묶은 후, 그 특징에 맞추어 이름을 짓고, 정의를 내려봅시다.

❶ 위 평면도형들을 공통 성질을 가진 것끼리 묶어봅시다.

도형	성질

❷ 공통 성질을 갖는 도형들에 적당한 이름을 붙이고, 그 이름에 대해 친구들과 토론한 후 합의한 뜻(정의)을 써봅시다.

다음 입체도형들의 공통 성질을 탐색하여 분류한 후, 도형들의 이름을 짓고, 정의를 내려봅시다.

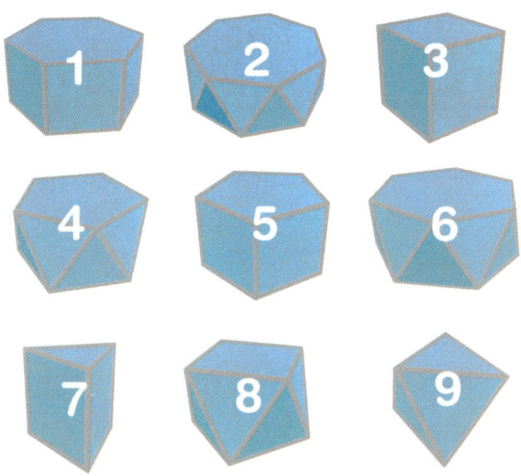

❸ 위 입체도형들을 공통 성질을 가진 것끼리 묶어봅시다.

도형	성질

❹ 공통 성질을 갖는 도형들에 적당한 이름을 붙이고, 그 이름에 대해 친구들과 토론한 후 합의한 뜻(정의)을 써봅시다.

❺ 이렇게 정의한 도형을 적용할 수 있는 또 다른 도형이 있는지 찾아봅시다.

4장 내가 직접 수학을 정의한다 113

5장

수학아, 내 안에 너 있다

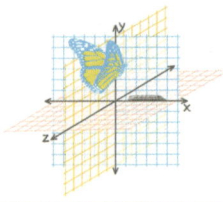

수가 특별해지는 순간

3, 7, 17, 61. 이 숫자들의 공통점을 찾을 수 있나요? 평소 스포츠에 관심을 가지고 있다면 금방 공통점을 찾았을 거예요. 이 숫자들은 모두 스포츠 스타들이 애용하는 등번호입니다.

3번은 김승현 농구선수, 7번은 박지성 축구선수, 17번은 추신수 야구선수, 61번은 박찬호 야구선수가 좋아하는 등번호예요. 그런데 저 숫자들은 또 한 가지 공통점이 있어요. 그것은 모두 1과 자기 자신만을 약수로 갖는 수, '소수'라는 사실입니다.

수학 교과서	5장에 사용된 개념
중학교 1학년	소수, 소인수분해, 좌표평면
중학교 2학년	도형의 성질
고등학교	복소수

　소수는 영어로 'prime number'라고 씁니다. 'prime'이란 단어에는 '기본적인, 주요한, 최고의, 뛰어난' 등의 의미가 담겨 있지요. 또한 소수는 한자로 '素數'라고 적습니다. '素'자는 '흰 것, 본래의 것, 단순한 것' 등의 의미를 갖고 있어요. 그래서 북한에서는 소수를 '씨수'라고 부르기도 합니다. 뒤에 이야기하겠지만, 실제로 소수는 자연수에서 핵심적이고 본질적인 역할을 합니다.

　스포츠 스타들은 소수의 이러한 의미를 알고 등번호로 선택한 것일까요? 수학적 의미를 알고 있었는지는 알 수 없습니다. 하지만 선수들은 분명히 소수가 가진 특별함을 느끼고 있었을 것입니다. 그리고 소수의 특별함처럼 자신도 특별한 운동선수가 되기를 바랐을 것입니다. 한낱 등번호일 뿐이지만, 그들에게는 분명히 매우 각별한 의미일 것입니다. 이처럼 의미를 부여한 수^{한 발짝 더 130쪽}는 그 자신에게 무척 특별한 수가 됩니다. 일상에서도 이런 예를 쉽게 찾을 수 있어요. 예를 들어, 생일 날짜를 이용해 곧잘 비밀번호를 만들어 사용하는데, 이 경우 숫자에 '생일'이라는 의미를 부여하여 생각하는 것

이지요. 마찬가지로 수학에도 나만의 의미를 준다면, 그 순간부터 수학을 무척 특별한 과목으로 느낄 수 있을 것입니다. 그리고 그 특별함은 여러분을 수학의 세계로 인도할 것입니다. 그럼 지금부터 수학에 나만의 의미를 부여하는 수학적 사고하기를 실행해봅시다.

수학에 나만의 의미 주기

수학에 특별한 의미를 주려면 우선 수학 개념을 유심히 분석하여 대상의 특성을 알아야 합니다. 이 과정을 거치면서 수학 개념을 전체적으로 훑어보는 것입니다. 이후 수학 개념에 대하여 오랜 생각 끝에 어울리는 의미를 부여할 수 있습니다. 이렇게 의미 붙이기 활동을 하다 보면 자연스럽게 수학 개념에 대한 이해가 깊어질 것입니다.

개념 분석하고 나열하기 ⇨ 소재에 의미 붙이기 ⇨ 깊고 넓게 이해하기

숫자로 만든 또 하나의 이름

수학 개념에 의미를 주기 전에 의미를 주려는 대상을 분석해야 합니다. 우선 의미를 주려는 수학 개념을 적어놓습니다. 이후 그 개념의 뜻은 무엇인지, 성질은 어떤 것이 있는지 등을 생각하는 것이지

요. 소수를 예로 들겠습니다.

1단계. 개념을 꼼꼼히 째려보자! – 개념 분석하고 나열하기

　모든 합성수는 소수의 곱으로 나타낼 수 있는데 이것을 소인수분해라고 합니다. 따라서 합성수를 소인수분해하여 나온 소수의 성질을 알면, 합성수의 성질 또한 알아낼 수 있을 것입니다. 이러한 소수의 성질을 바탕으로 소수와 합성수에 의미를 붙여보겠습니다.

2단계. 내 안에 수학 있다 – 소재에 의미 붙이기

　우선 소수에 뜻을 붙입니다. 그리고 이름을 숫자로 바꾸고, 그 수를 소인수분해합니다. 그런 다음, 소수에 붙인 뜻으로 소인수분해된 이름의 뜻을 해석해보는 것이지요.

　먼저 아래의 소수를 보고 떠오르는 생각이나 느낌을 자유롭게 적어보세요. 그 생각이나 느낌이 곧 나만의 소수의 의미가 되는 것입니다.

표5-1. 소수에 나만의 의미 부여하기

소수	떠오르는 생각, 느낌
2	예시) 조화로움, 우정, 사랑, 짝 등
3	예시) 행운의 숫자, 완전함, 균형을 이룸 등
5	
7	

소수	떠오르는 생각, 느낌
11	
13	
17	

다음으로 자신의 이름 획수를 세어보세요. 누구나 한 번쯤 해보았을 법한 '이름 궁합점'에서처럼 여기서도 이름 획수를 이용해 이름을 숫자로 표현해보려는 것입니다. 예시를 잘 보고 여러분의 이름을 숫자로 바꿔보세요.

표5-2. 한글 이름을 숫자 이름으로 바꾸기

이름	각 글자의 획수	숫자 이름
김철이	김(5)철(8)이(2)	582
(본인이나 친구의 이름)		
(본인이나 친구의 이름)		

이제 친구들의 이름을 해석해봅시다. '김철이'라는 이름을 예로 들어보겠습니다. 이 이름을 숫자 이름으로 바꾸고 나니 582가 됐습니다. 582를 소인수분해하면 $582=2\times3\times97$ [*]이 됩니다. 앞에서 부

• 97 역시 1과 자기 자신만을 약수로 갖는 소수이다. 97에도 특별한 의미를 부여하면 김철이라는 친구의 새로운 속성이 추가된다.

여한 소수의 의미를 사용하면 2는 '조화로움'으로, 3은 '균형을 이룸'으로 해석할 수 있는데, 이것으로 김철이라는 이름에 '조화롭고 균형을 이룸'이라는 의미를 부여할 수 있습니다. 물론 이 의미는 절대적이지 않습니다. 왜냐하면 여러분이 적어놓은 소수의 의미에 따라 이름의 의미가 달라질 테니까요. 하지만 서로의 숫자 이름을 만들어 뜻을 붙여가다 보면 소수는 어느새 여러분에게 특별한 의미가 될 것입니다.

3단계. 의미로 이해한다 – 깊고 넓게 이해하기

앞에서 의미를 붙여 대상을 잘 이해했듯이, 합성수를 소인수분해된 형태로 살펴보면 소수 덕분에 그 합성수의 특성을 이해할 수 있습니다. 예를 들어, 합성수가 2와 3의 곱으로 소인수분해된다면 그 합성수는 6의 배수임을 쉽게 알아낼 수 있을 것입니다. 또한 누구의 이름이라도 앞에서와 같이 이름의 의미를 파악하고 나면 그 특징을 생각할 수 있었던 것처럼, 자연수 자체보다는 소인수분해된 형태를 통해 보다 많은 정보를 파악할 수 있습니다.

수에 의미를 부여하는 활동은 꼭 이름을 특정 숫자로 바꾸어 의미를 붙이는 경우뿐 아니라, 생활 속의 다른 소재를 가지고도 해볼 수 있습니다. 길거리에 지나가는 자동차 번호판을 소인수분해하여 주인의 특성을 생각해보는 것도 재미있는 활동이 될 것입니다.

상상의 수 i는 외계인?

허수 i를 예로 생각해보겠습니다. 허수 i는 이차방정식 $x^2=-1$의 해입니다. 실수의 세계에서 $x^2=-1$의 해는 존재하지 않습니다.

일찍이 고대 그리스에서 헤론Heron, ?~?과 같은 수학자들이 거듭제곱하여 음수가 되는 수에 관심을 가지고 기록을 남겼습니다. 하지만 여러 수학자는 그와 같은 수의 존재를 느끼면서도 어떤 수의 제곱이 음수가 된다는 사실을 쉽게 받아들이지 못했습니다. 그렇게 더 어려운 방정식을 풀어나가는 과정에서 수학자들은 $x^2=-1$의 해를 수학에 도입할 필요성을 느꼈고, 그 존재가 불확실함에도 불구하고 일단 도입해 사용해보니 더 넓은 수학의 세계가 열림을 알게 됐습니다.

이러한 과정에서 르네 데카르트René Descartes, 1596~1650가 $x^2=-1$의 해를 '상상의 수'라고 부르면서 '허수'라는 이름이 붙게 됐고, 오일러와 가우스에 의해 허수라는 말이 널리 퍼지게 됐습니다. 특히 오일러는 허수 단위를 나타내는 기호로 i를 도입했습니다. 이러한 과정을 거쳐 오늘날 수 체계는 실수와 허수를 모두 아우르는 복소수로 확립될 수 있었던 것입니다.

1단계. 개념을 꼼꼼히 째려보자! – 개념 분석하고 나열하기

이러한 허수의 특징으로는 우선 실수와는 함께 더하거나 뺄 수 없다는 것을 들 수 있습니다. 예를 들어, $(1+i)+(2+i)$는 실수끼리 더하고 허수끼리 더하여 3+2i로 나타낼 수 있습니다. 하지만 이 상태에서 더는 간단하게 나타낼 수 없습니다. 이런 점에서 볼 때 허수는 실수와는 완전히 다른 세상에 있는 수라고 생각할 수 있습니다.

또 순허수의 큰 특징으로는 제곱했을 때 다시 실수가 된다는 점이 있습니다. 허수의 기본 단위, i를 제곱하면 −1이 되지요. 그리고 이를 이용하면 $i^3=-i$, $i^4=1$, $i^5=i$, …로 지수가 아무리 커져도 허수의 거듭제곱의 값을 쉽게 계산할 수 있습니다. 게다가 그 값은 −1, −i, 1, i만이 돌아가면서 반복적으로 나타납니다. 예를 들어, i^{2000}같이 지수가 엄청나게 큰 허수도 $i^{2000}=(i^4)^{500}=1^{500}=1$로 간단해집니다.

2단계. 내 안에 수학 있다 – 소재에 의미 붙이기

허수의 특징은 직관적으로 와 닿지는 않습니다. 가만히 잘 생각해보면 허수는 우리가 사는 세상(실수)과는 잘 섞이지 않고, 수시로 모습을 바꿔 실수로 변하기도 한다는 점에서 외계인에 비유해볼 수 있습니다.

인간 로봇 속에 숨어 있는 외계인의 모습은 마치 실수와 방정식 속에 숨어 있는 허수와도 같다.

영화 〈맨 인 블랙〉에서는 이미 다양한 외계인들이 우리 주변에서 그 정체를 숨기고 살아간다는 설정이 나옵니다. 영화에 나오는 외계인을 허수로 생각해보면, 허수는 꼭 우리가 사용하는 실수와 방정식 속에 숨어 있는 외계인 같습니다.

3단계. 의미로 이해한다 – 깊고 넓게 이해하기

허수는 외계인에, 실수는 인간에 비유해서 생각해보면 실수와 허수 간의 덧셈, 뺄셈이 불가능하다는 것이 자연스럽게 받아들여지지요?

아래 첫째 줄의 영화 속 장면에는 두 명의 사람과 한 명의 사람을 합해 총 세 명의 사람이 있다고 말할 수 있지만, 둘째 줄의 영화 속 장면에는 두 명의 사람과 한 명의 외계인이 있다고밖에 말할 수 없습니다. 즉, 두 명의 사람과 한 명의 외계인을 합쳐서 세 명의 사람

수학적으로 사람과 외계인을 더해서 합을 구할 수 없다.

이 있다거나 또는 세 명의 외계인이 있다고 말할 수 없다는 것이지요.

한편, 허수는 자신의 모습을 여러 번 꾸미고 나면 실수로 변할 수도 있는데($i^2=-1$, $i^4=1$), 이것은 마치 외계인들이 다양한 모습으로 변신하여 인간 사회에서 사람들과 함께 자연스럽게

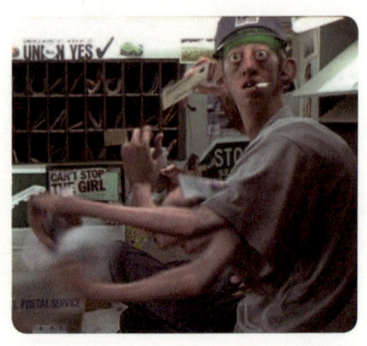

외계인이 자신의 신체적 특징을 이용해 인간 사회에서 그 재능을 발휘하며 자연스럽게 살아가는 모습은 마치 허수가 자신의 모습을 여러 번 꾸며 실수로 변신하거나 실생활에서 많이 쓰이는 일과도 같다.

어울려 살아가는 듯한 장면을 연상케 합니다. 〈맨 인 블랙〉에서 팔이 많고 동작이 빠른 외계인이 우체국에서 편지를 각 배송지로 분류하는 것 등 외계인들이 자신의 특성을 이용해 인간 사회에서 그 재능을 발휘하는 장면이 많이 나옵니다. 영화에서 외계인들은 알게 모르게 인간 사회에 깊숙이 침투해 있는 것처럼, 허수도 전기공학에서 저항과 전류, 역학에서 비행기의 이착륙 등을 계산하거나 표현하는 데 사용됨으로써 실생활에 널리 퍼져 있습니다.

이처럼 대상에 의미 붙이기를 통해 허수를 더 이상 상상력의 막연한 결과물로 여기지 않고 보다 친근한 대상으로 받아들일 수 있다면, 대상에 의미를 붙여 이해하는 작업을 성공적으로 마쳤다고 할 수 있습니다.

난 몇 차원일까?

이번에는 일상에서도 자주 쓰이는 말, '차원'에 대해 생각해봅시다. 생활 속에서 차원이라는 말은 매우 다양한 의미로 사용되고 있습니다. 판타지 영화에서는 마법의 지팡이로 차원의 문을 연다고도 하고, 드라마에서는 시어머니가 며느리에게 너희 집안과 우리 집안은 차원이 다르다고도 말합니다. 또 어느 한 TV 광고 문구로 '3차원 입체 영상'이라는 말이 사용되기도 했지요. 이 밖에도 차원이란 단어는 다양한 분야에서 사용되는데, 그 의미가 맥락에 따라 크게 달라지기 때문에 여기에서는 우선 수학적인 의미에서 차원을 이야기해보겠습니다.

1단계. 개념을 꼼꼼히 째려보자! – 개념 분석하고 나열하기

수학적인 의미로 차원은 어떤 공간에서 한 점의 위치를 설명하기 위해 최소 몇 개의 요소가 필요한가를 의미합니다. 예를 들어, 평면 위의 한 점을 생각할 때, 이 점의 위치를 설명하기 위해서는 좌표평면 위에 x축과 y축에 따라 순서쌍 (a, b)라는 형태로 나타내야 합니다. 즉, x 좌표와 y 좌표라는 2개의 요소가 필요하므로 평면은 2차원이라고 볼 수 있습니다.

상황을 단순화해서 긴 장대 위에 애벌레가 놓여 있다고 생각해봅시다. 이 애벌레는 장대 위에서 앞 또는 뒤로만 갈 수 있습니다. 따라서 애벌레의 위치는, 장대 위의 기준점(0)만 잡아낸다면 +2 또는

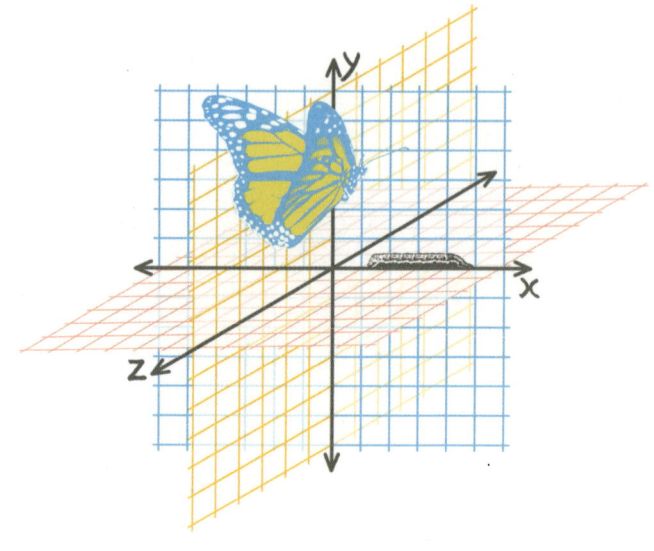

−3과 같이 기준점으로부터 얼마나 떨어져 있는지를 나타낼 수 있지요. 이처럼 애벌레는 1차원적으로밖에 움직이지 못합니다. 이제 애벌레가 부화하여 나비가 됐다고 생각해봅시다. 나비는 바닥에 붙어 여러 방향으로 걸어 다닐 수도 있지만, 공간을 자유롭게 날아다닐 수도 있습니다. 바닥을 떠나버린 나비의 위치를 설명하기 위해서는, '높이'라는 새로운 요소가 필요합니다. 이때 나비는 3차원의 세계에 있다고 생각할 수 있습니다.

일상적인 의미로 어떤 대상을 여러 가지 관점으로 설명할 때, 그 각각의 관점들을 차원이라고 부르기도 합니다. 예를 들어, 동물의 특징을 척추의 유무, 다리의 수, 아가미의 유무로 분류하고 설명한다면 그것은 세 가지 차원에서 분석한 것이라고 말할 수 있습니다.

2단계. 내 안에 수학 있다 – 소재에 의미 붙이기

이제 차원에 의미를 붙여보는 일을 해보겠습니다. 소설이나 영화, 드라마 등의 작품에서는 인물의 성격을 파악할 때 평면적 인물과 입체적 인물이라는 말을 사용합니다. 평면적 인물은 인물의 특성이 단순하고 예측 가능하며 소설의 처음부터 끝까지 큰 변화가 없는 인물을 말합니다. 한편, 입체적 인물은 인물의 특성이 독특하며 예측 불가능하고 작품이 진행되는 동안 성격의 변화가 있는 인물을 의미합니다. 그런데 이런 표현은 잘 생각해보면 2차원적 인물과 3차

원적 인물로 생각할 수도 있습니다. 즉, 입체적 인물을 표현하기 위해서는 평면적 인물보다 많은 요소를 고려해야 한다는 것입니다.

이러한 입장에서 나와 내 친구들을 설명하기 위해서는 몇 개의 차원이 필요할지 생각해봅시다. 한 사람을 설명하기 위해서는 몇 개의 차원이 필요할까요? 다음 표를 만들어서 나와 내 친구들을 설명할 수 있는 차원을 생각해보고, 몇 개의 차원이 있으면 충분히 설명할 수 있을지 생각해봅시다.

표5-3. **사람의 특징을 묘사하기에 필요한 요소들의 개수로 결정하는 차원 문제**

차원	나	친구1	친구2	친구3(예시)
키				163cm
몸무게				45kg
노래				매우 잘함
춤				잘 못함

만약 키는 163cm, 몸무게는 45kg이고, 노래는 매우 잘하지만, 춤은 잘 추지 못하는 친구가 있다면, 이 설명만으로 그 친구를 설명하기에 충분할 때 그 친구는 이 4가지 요소만으로 설명할 수 있을 것입니다. 즉, 4차원으로 설명할 수 있는 것입니다. 여러분도 직접 차

원을 생각하며, 자신과 친구들의 특징에 대해 떠올려보세요.

3단계. 의미로 이해한다 – 깊고 넓게 이해하기

그런데 차원을 정할 때, 몇 개의 차원들이 다른 하나의 차원으로 설명된다면 어떨까요? 예를 들어, 키, 몸무게, BMI(Body Mass Index, 신체질량지수)라는 3개의 차원으로 나를 충분히 설명한다면, 언뜻 생각했을 때 나는 3차원적으로 설명된다고 할 수 있습니다. 그러나 키와 몸무게만 안다면, BMI는 다음과 같은 간단한 계산으로 구해집니다.

$$BMI = 몸무게(kg) \div [키(m)]^2$$

그렇다면 굳이 BMI라는 차원을 도입할 필요는 없을 것입니다. 하나의 차원은 그 나름의 성질을 갖고 있어서 고유해야 합니다. BMI처럼 한 차원의 성질을 다른 차원들로 구할 수 있으면 그것은 차원으로 분류할 필요가 없습니다.

차원의 의미를 조금 더 수학적으로 살펴봅시다. 예를 들어, 좌표평면 위의 임의의 한 점 (a, b)는 $(1, 0)$과 $(0, 1)$의 두 순서쌍을 이용해 다음과 같이 나타낼 수 있습니다.

$$(a, b) = a(1, 0) + b(0, 1)$$

따라서 (a, b)의 형태로 좌표를 나타내는 좌표평면은 2차원으로 생각할 수 있습니다. 한편 (a, b)는 (1, 0), (0, 1), (−1, 0)의 세 순서쌍을 이용해 다음과 같이 나타낼 수도 있습니다.

$(a, b) = p(1, 0) + q(0, 1) + r(−1, 0)$ $(p=0.5a,\ q=b,\ r=−0.5a)$

그렇다면 (a, b)의 좌표를 가지는 좌표평면은 3차원으로도 생각할 수 있을까요? 여기서 (−1, 0)이라는 순서쌍을 주의 깊게 살펴보면, (1, 0)에 마이너스 기호를 붙여서 (−1, 0)을 만들 수 있음을 알 수 있습니다((−1, 0)=−(1, 0)). 그러므로 이 좌표평면은 3차원으로 볼 수 없습니다.

이처럼 이해하기 조금 까다로운 수학적 차원도 의미를 붙여 이야기하면 쉽게 이해할 수 있겠지요?

한 발짝 더
의미를 부여한 수

수에 숨겨진 의미는 고대 때부터 많은 학자가 관심을 가지고 연구해왔습니다. 특히 만물의 근원이 수라고 생각한 그리스 수학자 피타고라스는 완전수 perfect number에 큰 관심을 갖고 있었습니다.

완전수란 자기 자신을 제외한 약수를 모두 더했을 때 자기 자신과 같아지는 수를 의미합니다. 예를 들어, 6은 자기 자신을 제외한 약수로 1, 2, 3이 있는데 이때 1+2+3=6이 됩니다. 또 28은 자기 자신을 제외한 약수로 1, 2, 4, 7, 14가 있는데 이때 1+2+4+7+14=28이 됩니다. 따라서 6과 28은 완전수가 됩니다. 중세의 종교학자들은 이러한 완전수의 특성을 근거로 삼아 신이 세상을 엿새 만에 만들었고, 달이 28일마다 한 번씩 지구의 주위를 돌도록 만들었다고 종교적인 의미를 부여했습니다.

그런가 하면 단짝 친구를 의미하는 수도 존재합니다. 바로 친화수amicable number인데, 두 수가 친화수라는 말은 자기 자신을 제외한 약수의 합이 서로가 된다는 뜻입니다. 예를 들어 220과 284는 친화수입니다.

220의 약수의 합=1+2+4+5+10+11+20+22+44+55+110=284
284의 약수의 합=1+2+4+71+142=220

세간에는 위의 두 수와 같은 친화수가 각각 적힌 부적을 한 장씩 나눠 지닌 사람들끼리 완전한 우정이 보장된다는 미신도 전해집니다. 오늘날 더 많은 친화수가 알려져 있는데, 한번 직접 찾아보길 바랍니다.

수에 숨겨진 비밀이 있다고 생각하는 수비학numerology이라는 학문도 있습니다. 수비학에서는 1에는 영원함, 절대성의 의미를, 2에는 분리와 떨어짐의 의미를, 3에는 통합과 출생의 의미를 붙여 그

수를 생각합니다. 예를 들어, 우리가 흔히 4는 불길한 숫자, 7은 행운의 숫자 등으로 생각하는 것도 수비학적 성격을 지닌 미신이라고 할 수 있습니다.

풀꽃

나태주

자세히 보아야 예쁘다
오래 보아야 사랑스럽다
너도 그렇다

나태주 시인의 〈풀꽃〉은 무관심하게 지나칠 때에는 그 진가를 알아보지 못하다가, 어느 날 문득 관심을 갖고 자세하고 진득하게 바라봤을 때 비로소 아름다움을 느끼게 되는 풀꽃에 대한 시인의 마음을 표현하고 있습니다.

하지만 풀꽃만이 자세히, 오래 봐야 예쁘고 사랑스러운 것은 아닙니다. 우리는 지금까지 수학의 대상에 관심을 갖고 오랫동안 곱씹어 생각하여, 그 속에서 나름대로의 재미있는 의미를 이끌어내거나 부여함으로써 그 대상을 더 깊게 이해하는 수학적 사고를 경험했습니다.

이러한 수학적 사고 활동은 반드시 수학의 대상에만 한정시킬 필요는 없습니다. 늘 말썽만 일으켜서 얄밉다고 생각했던 동생을 따뜻한 관심을 갖고 자세히 바라보면 사실은 귀엽고 사랑스러운 면이 더 많다는 것을 알 수 있습니다. 단점만 많은 줄 알고선 거리를 두었던 친구 역시 찬찬히 봤을 때 그 친구에게 그동안 보이지 않던 장점도 많이 있다는 것을 알게 될 것입니다. 아집과 편견을 내려놓고 내면을 열어 주변 사람들 한 명 한 명을 관심 있게 바라본다면, 좋은 사람들과 함께 살아가고 있다는 생각에 절로 입가에 행복한 미소가 피어날 것입니다.

스스로 해봐요

다양한 사각형들의 성질을 파악하여, 의미를 부여하고, 나만의 방식으로 대상을 이해해봅시다.

❶ **개념 파악하기** : 평행사변형, 직사각형, 마름모, 정사각형의 성질을 써 봅시다.

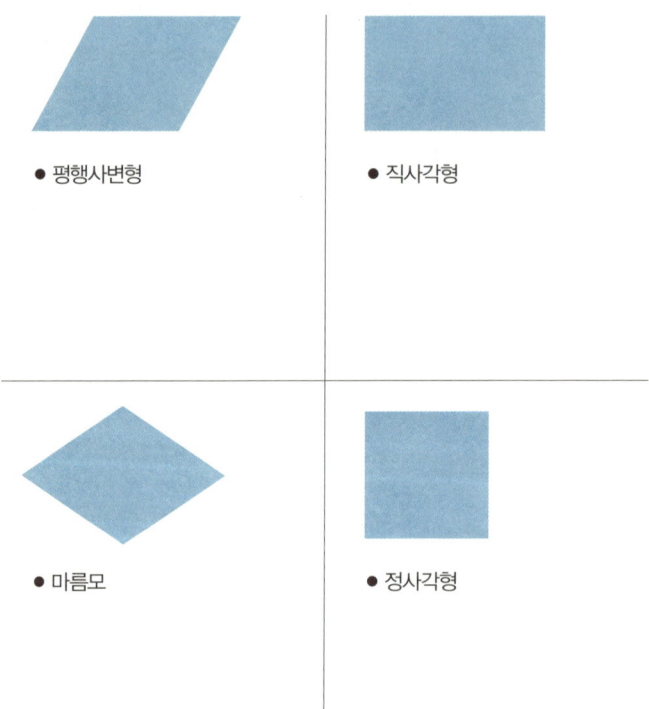

❷ 의미 붙여주기 : '날카롭다', '안정적이다'와 같이 평행사변형, 직사각형, 마름모, 정사각형을 보고, 느낀 점을 써봅시다.

사각형의 종류	도형을 보고 느낀 점
평행사변형	
직사각형	
마름모	
정사각형	

❸ 의미를 깊고 넓게 이해하기 : 여러분의 마음이 평행사변형, 직사각형, 마름모, 정사각형의 모양을 가질 수 있다고 상상해봅시다. 여러분의 마음은 어떤 상황에 놓였을 때 각각의 사각형 모양이 될까요?

사각형의 종류	벌어진 가상의 상황
평행사변형	
직사각형	
마름모	
정사각형	

6장
세상은 온통 자료다

일기예보의 진화

옛 속담에 "제비가 낮게 날면 비가 온다"라는 말이 있습니다. 이 속담에는 과학적 근거가 있어요. 곤충들은 습도가 높아지면 풀밭이나 숲 속으로 숨습니다. 그러면 곤충들을 먹이로 하는 제비도 덩달아 낮게 날게 되므로, 제비가 낮게 날면 비가 올 거라고 예상한 것이지요.

옛날에는 제비가 일기예보를 했다면, 요즘은 자료에 근거한 분석 결과를 바탕으로 기상청에서 일기예보를 합니다. 기상청에서 일기예

수학 교과서	6장에 사용된 개념
초등학교	막대그래프, 원그래프
중학교 3학년	산술평균
고등학교	모평균 추정, 표본평균

보를 하기까지는 다음과 같이 크게 네 단계의 과정을 거쳐 이루어집니다.

관측 ⇨ 자료 처리 및 일기도 작성 ⇨ 자료 분석과 예보 ⇨ 통보

 가장 먼저 국내·외 관측소에서 기상 레이더, 기상 위성과 같은 다양한 장비를 이용하여 기상 요소를 관측해요. 두 번째 과정으로 기상청이 관측 자료를 수집하고, 이를 토대로 컴퓨터로 일기도를 예상하여 작성합니다. 세 번째 과정으로 예상 일기도를 보고 예보관 회

의를 통해 검토하여 종합적으로 분석한 후 예보하지요. 마지막 과정으로 라디오, 신문, 방송, 인터넷, 전화를 통해 일기예보를 전달합니다. 우리가 외출하기 전에 자주 알아보는 일기예보도 이렇게 자료를 어떻게 수집할 것인지 계획을 세우고, 수집하고, 분석하고, 정리하고 종합하여 결과를 발표하는 과정이지요.

요즘 일기예보는 단순히 날씨만 알려주는 데 그치지 않습니다. 불쾌지수, 자외선 지수, 세차 지수, 빨래 지수 등의 생활 기상 지수도 함께 알려주고 있어요. 그래서 단순히 날씨만 알려주기보다는 일상적인 활동과 관련되어 일기예보가 활용되고 있습니다. 이처럼 자료를 해석하고 표현하는 방식은 활용할 수 있는 범위가 넓습니다.

세상의 자료를 수학으로 본다

일기예보를 비롯해서 세상에는 무수히 많은 자료가 있습니다. 예를 들어 우리나라는 5년마다 인구주택총조사를 시행하고 있어요. 지역별 인구와 가구, 주택 수는 물론 개별 특성까지도 세밀히 조사하여 자료를 수집합니다. 그리고 이것을 지역별, 소득별 등으로 정리하여, 사회적, 경제적, 인구학적 특성까지 종합적으로 분석합니다. 조사 결과는 고용정책, 교육정책, 교통대책, 복지정책, 주택정책 등 다양한 국가정책을 세울 때 자료로 활용되거나 평가 기준이 되고 있습니다. 인구주택총조사는 이렇게 국가 발전과 복지 실현에 기초가 되는 자료 조사입니다.

수학은 이와 같이 자료를 수집하여, 정리 및 해석한 후, 종합하여 표현하는 데 활용됩니다. 수학으로 세상의 자료를 읽을 때에는 다음의 세 단계를 밟습니다.

자료 수집 ⇨ 정리 및 해석 ⇨ 종합 및 표현

첫 번째 자료 수집 단계에서는 수집해야 할 자료에 대하여 어떤 기준으로 자료를 수집할 것인지를 결정해야 합니다. 이때 자료의 대상을 모두 수집할 것인지, 아니면 일부분만 수집할 것인지를 먼저 결정해야 합니다. 자료의 대상 전체를 모집단^{한 발짝 더 152쪽}이라고 하고 모집단 전부를 조사하는 것을 전수조사라고 하며, 모집단의 일부(표본)를 조사하여 대상 전체에 대하여 추측하는 것을 표본조사라고 합니다. 또한 어떤 특성을 중심으로 자료를 수집할 것인지 결정해야 합니다. 자료의 효율적인 수집이 자료를 해석하는 첫 걸음이 되니까요.

두 번째 자료 정리 및 해석 단계에서는 수집된 자료를 효율적으로 정리하여 해석하는 것이 핵심입니다. 수집된 자료를 정리하여 해석할 때, 어떤 기준으로 정리하는지에 따라 자료의 해석이 쉬워질 수도 있고 어려워질 수도 있으며, 해석이 달라질 수도 있습니다. 이 단

계에서 수학의 함수, 평균, 편차, 확률 등이 활용됩니다.

세 번째 자료 종합 및 표현 단계에서는 두 번째 단계에서 정리하고 해석한 자료를 종합하여 그 자료를 활용하는 사람에게 도움이 될 수 있도록 다른 표현으로 나타내는 과정입니다. 이러한 표현 단계에서 함수, 그래프, 통계 등의 수학 개념이 활용됩니다. 이처럼 수학을 통하여 자료의 이야기를 들을 수 있지요.

어느 자동차에 운행 기록 장치를 부착해야 할까?

운행 기록 장치는 자동차가 언제 시동을 걸었고, 얼마나 주행했으며, 언제 급정거를 했는지 등의 각종 정보를 기록합니다. 이 자료를 분석하여 얻은 결과는 교통사고를 줄이는 데뿐 아니라 연료비를 낮추거나 승차감을 높이는 등 여러 방면에 활용된다고 합니다.

특히 우리나라 정부는 해마다 늘어나는 교통사고 발생 건수를 줄이기 위해 지난 2009년 각 차량에 운행 기록 장치를 부착하는 것을 의무화하겠다고 밝힌 바 있습니다.

우선 운행 기록 장치의 부착은 상당한 비용이 들기 때문에 모든 차량에 전면적으로 부착하는 것이 아니라 버스, 택시, 화물차로 차량을 구분해 2010~2011년에 걸쳐 이들 중 일부에만 시범적으로 부착해보고, 그 효용성을 판단하기로 했습니다.

1단계. 자료 수집하기

 운행 기록 장치의 효용성을 알아보려면 자료 수집을 어떻게 해야 할까요? 운행 기록 장치가 없을 때의 위험성과 관련된 자료를 비교 제시해야 운행 기록 장치가 있을 때의 효용성을 쉽게 알아볼 수 있겠지요? 다음은 운행 기록 장치를 부착하기 이전과 이후의 교통사고 발생 건수를 막대그래프로 나타낸 그림입니다.

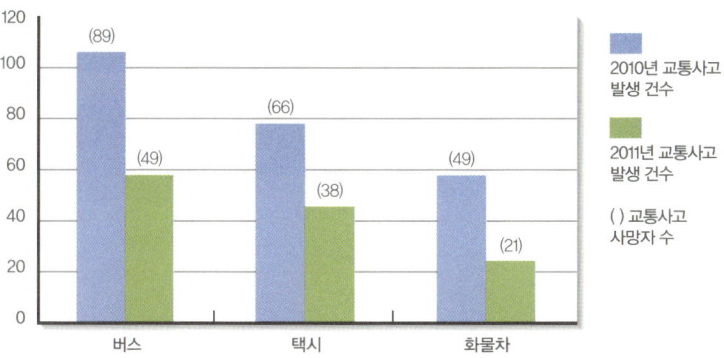

차종별 운행 기록 장치 부착 전후의 교통사고 발생 건수를 나타낸 막대그래프.
운행 기록 장치 부착하기 전이었던 2010년에 비해 운행 기록 장치를 부착했던 2011년에 버스, 택시, 화물차의 교통사고 발생 건수가 모두 크게 줄었다. (자료 출처 : 교통안전공단)

 이 그래프에서 버스, 택시, 화물차 중 운행 기록 장치를 부착했을 때 가장 효과적인 차종은 무엇인가요? 운행 기록 장치를 부착한 후 교통사고 발생 건수가 가장 큰 폭으로 줄어든 차종에 운행 기록 장치를 부착하는 것이 가장 효과적일 것입니다. 위 막대그래프에서는 버스의 교통사고 발생 건수가 가장 많이 줄어든 것으로 보입니다. 그렇다면 버스에 운행 기록 장치를 부착하는 것이 가장 효과적일까요? 이 막대그래프의 수치 자료가 확연히 보이도록 표로 나타내봅시다.

표6-1. 차종별 운행 기록 장치 부착 전후의 교통사고 발생 건수를 나타낸 표
(2010년 데이터 : 운행 기록 장치 부착 전, 2011년 데이터 : 운행 기록 장치 부착 후)

차량의 종류	2010년 교통사고 발생 건수	2010년 교통사고 사망자 수	2011년 교통사고 발생 건수	2011년 교통사고 사망자 수
버스	106	89	58	49
택시	78	66	46	38
화물차	58	49	25	21
계	242	204	129	108

그래프의 자료를 표로 나타내보니 각 차량의 교통사고 발생 건수와 사망자 수의 총합을 나타낸 계의 수치가 두드러져 보입니다. 운행 기록 장치를 부착하고 나서 전체적으로 교통사고 발생 건수와 사망자 수 모두 큰 폭으로 감소했음을 알 수 있지요.

이제 운행 기록 장치를 부착하기 전후로 차종별 교통사고 발생 건수가 얼마나 감소했는지를 정확한 수치로 구해서 비교해봅시다. 각 차량마다 2010년 교통사고 발생 건수에서 2011년 교통사고 발생 건수를 빼면 다음 표6-2와 같이 구해집니다. 앞의 그래프를 통해 알 수 있었던 결과와 마찬가지로 버스의 교통사고 감소 수가 택시나

화물차의 교통사고 감소 수보다 크다는 것을 알 수 있습니다.

표6-2. 차종별 운행 기록 장치 부착에 따른 교통사고 감소 수

차량의 종류	교통사고 감소 수 (=2010년 교통사고 발생 건수-2011년 교통사고 발생 건수)
버스	48(=106-58)
택시	32(=78-46)
화물차	33(=58-25)

2단계. 정리하고 해석하기

앞의 막대그래프와 표들만 분석해보면 다른 차량보다 버스에 운행 기록 장치를 부착하는 것이 가장 효과적일 것 같습니다. 과연 이대로 버스에 운행 기록 장치를 부착하는 것이 운행 기록 장치의 효용성을 극대화하는 것일까요?

여기서 우리가 놓친 자료가 있습니다. 바로 교통사고 사망자 수입니다. 다시 한 번 앞의 막대그래프와 표6-1을 보면 차량의 종류별로 사망자 수가 다르다는 것을 알 수 있습니다. 운행 기록 장치의 효용성을 제대로 알아보기 위해서는 단순히 교통사고 발생 건수가 얼마나 감소했는가보다 교통사고로 인한 직접적인 피해를 나타내는 사망자 수의 감소율을 따져봐야 할 것입니다. 교통사고 사망자 수의 감소율은 다음과 같이 계산할 수 있습니다.

$$\text{교통사고 사망자 수의 감소율} = \frac{2010년\ 사망자\ 수 - 2011년\ 사망자\ 수}{2010년\ 사망자\ 수} \times 100$$

표6-3. 차종별 운행 기록 장치 부착에 따른 교통사고 사망자 수의 감소율

차량의 종류	2010년 교통사고 사망자 수	2011년 교통사고 사망자 수	사망자 감소 수	사망자 수의 감소율(%)
버스	89	49	40	44.94
택시	66	38	28	42.42
화물차	49	21	28	57.14

위 표와 같이 차량의 종류별 교통사고 사망자 수의 감소율을 계산하면 화물차의 경우, 57.14%로 가장 큽니다. 따라서 교통사고 감소 수만 따졌을 때 얻어지는 결과와는 다르게, 화물차에 운행 기록 장치를 부착하는 것이 교통사고의 피해를 가장 크게 줄일 수 있다는 것을 알 수 있습니다.

3단계. 종합하고 표현하기

바로 앞에서 살펴본 차량의 종류별 교통사고 사망자 수의 감소율을 막대그래프와 원그래프로 나타내면 다음과 같아요.

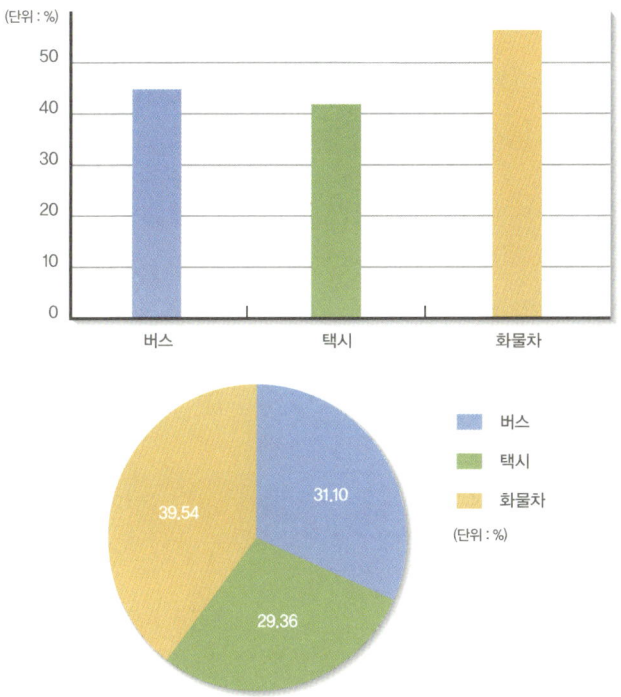

차종별 운행 기록 장치 부착에 따른 교통사고 사망자 수의 감소율을 나타낸
막대그래프와 원그래프

 위 두 그래프 중 어떤 그래프가 한눈에 더 잘 들어오나요? 원래 질문은 "운행 기록 장치를 부착함으로써 효용성이 가장 큰 차량은 무엇인가?"라는 것이었어요. 운행 기록 장치를 부착할 때 가장 효과적인 차량은 교통사고 사망자 수의 감소율이 가장 큰 차량이겠지요? 그렇다면 우리가 특히 관심을 가져야 할 데이터는 최댓값과 최솟값이 될 것입니다. 데이터의 수치들이 비슷할 때는 원그래프보다

는 막대그래프가 최댓값과 최솟값을 명확히 보여주므로 막대그래프를 이용하는 것이 더 유용할 것입니다. 이와 같이 분석한 결과를 어떻게 표현하는가는 매우 중요합니다.

누구의 주장이 맞을까?

1단계. 자료 수집하기

다음 표는 2011년 통계청에서 13세 이상 인구를 대상으로 문화예술 및 스포츠 관람 여부에 대하여 연령별, 관람 분야별 인원수와 횟수를 평균적으로 나타낸 것입니다(단, 관람 분야에 따른 응답은 복수 응답임).

표6-4. 문화예술 및 스포츠 관람 여부에 대한 연령별·관람 분야별 인원수 및 횟수
(2011년, 자료 출처 : 통계청 사회 조사 결과 보고서)

연령별	음악		미술		스포츠	
	인원수	횟수	인원수	횟수	인원수	횟수
13~19세	23.7	2.2	20.6	2.2	20.5	3.7
20~29세	24.9	2.9	21.1	2.6	27.2	4.4
30~39세	20.8	2.3	21.1	2.3	26.2	3.9
40~49세	26.7	2.5	20.2	2.4	24.3	3.9

표6-4를 근거로 연령대에 따라 음악, 미술, 스포츠 가운데 어느 분야에 카드 할인 혜택을 주는 것이 좋을까요? 다음 두 사람의 주장을 살펴봅시다.

A 주장 : 인원수를 기준으로 하여 10대와 40대에는 음악 관람에 카드 할인 혜택을, 20대와 30대는 스포츠 관람에 카드 할인 혜택을 주어야 합니다.

B 주장 : 인원수와 횟수를 모두 기준으로 하여 어느 연령대나 스포츠 관람에 카드 할인 혜택을 주어야 합니다.

2단계. 정리하고 해석하기

인원수를 기준으로 한 A의 주장부터 살펴봅시다. 한 명당 한 장의 카드를 가지고 있을 때, 인원수는 곧 할인 혜택을 받을 수 있는 카드의 수와 같습니다. 결국 카드 할인 혜택을 많이 받기 위해서는 카드의 수가 많아야 하는 것이지요. 따라서 A는 연령대별로 카드 할인 혜택을 받을 수 있는 정도를 인원수를 기준으로 하여 다음과 같이 주장했습니다.

10대가 받을 수 있는 카드 할인 혜택의 정도 :
   음악(23.7) > 미술(20.6) > 스포츠(20.5)

20대가 받을 수 있는 카드 할인 혜택의 정도 :
   스포츠(27.2) > 음악(24.9) > 미술(21.1)

30대가 받을 수 있는 카드 할인 혜택의 정도 :

스포츠(26.2) > 미술(21.1) > 음악(20.8)

40대가 받을 수 있는 카드 할인 혜택의 정도 :

음악(26.7) > 스포츠(24.3) > 미술(20.2)

A는 10대와 40대에는 음악 관람에 카드 할인 혜택을, 20대와 30대에는 스포츠 관람에 카드 할인 혜택을 주는 것이 타당하다고 주장한 것입니다.

반면, B는 인원수뿐만 아니라 횟수도 고려하여 가장 많이 관람하는 분야의 총 횟수가 카드 할인 혜택을 받는 기준이 되어야 한다고 주장합니다. 총 관람 횟수는 인원수와 횟수를 곱하여 다음 표와 같이 구할 수 있습니다.

표6-5. 문화예술 및 스포츠 관람의 총 횟수

연령별	음악			미술			스포츠		
	인원수	횟수	총 횟수	인원수	횟수	총 횟수	인원수	횟수	총 횟수
13~19세	23.7	2.2	52.14	20.6	2.2	45.32	20.5	3.7	75.85
20~29세	24.9	2.9	72.21	21.1	2.6	54.86	27.2	4.4	119.68
30~39세	20.8	2.3	47.84	21.1	2.3	48.53	26.2	3.9	102.18
40~49세	26.7	2.5	66.75	20.2	2.4	48.48	24.3	3.9	94.77

따라서 B는 인원수와 횟수를 모두 고려한 총 횟수를 기준으로 하여, 연령대별 카드 할인 혜택을 받을 수 있는 정도를 다음과 같이 주장했습니다.

10대가 받을 수 있는 카드 할인 혜택의 정도 :

스포츠(75.85) > 음악(52.14) > 미술(45.32)

20대가 받을 수 있는 카드 할인 혜택의 정도 :

스포츠(119.68) > 음악(72.21) > 미술(54.86)

30대가 받을 수 있는 카드 할인 혜택의 정도 :

스포츠(102.18) > 미술(48.53) > 음악(47.84)

40대가 받을 수 있는 카드 할인 혜택의 정도 :

스포츠(94.77) > 음악(66.75) > 미술(48.48)

B는 10대에서 40대까지 모든 연령대에서 관람 횟수가 가장 많은 것이 스포츠이므로, 스포츠 관람에 카드 할인 혜택을 주어야 한다고 주장한 것입니다.

3단계. 종합하고 표현하기

여러분은 A와 B 두 사람의 주장을 어떻게 생각하나요? 카드 회사의 입장에서는 소비자들에게 카드를 많이 발급해주면서, 카드 할인 혜택은 소비자들에게 되도록 적게 돌아가기를 원할 것입니다. 이러한 카드 회사의 입장에 적합한 것은 A 주장입니다. 한편 소비자의 입장에서는 되도록 카드 할인 혜택을 많이 받기를 원할 것이므로 이에 적합한 것은 B 주장입니다.

이처럼 주어진 자료를 어떻게 해석하느냐에 따라서 다르게 이용될 수 있습니다.

한 발짝 더 — 모집단에 대한 통계적 추측

자료를 수집할 때 모집단을 전부 조사하면 좋겠지만, 그러기 위해서는 시간과 비용이 많이 들므로 모집단의 일부분인 임의의 표본으로 조사를 합니다. 물론 표본만 가지고는 모집단 전체에 대해 알아낼 수 없겠지만, 표본을 뽑는 절차를 정확히 하면 작은 오차 범위 내에서 모집단에 대해 추측할 수 있습니다. 이렇게 모집단에 대해 통계적으로 추측하여 분석하는 방법을 '통계적 추론'이라고 하는데, 그 중 하나가 신뢰구간(모집단의 특정 값을 추측하는 일정 범위 내 구간)에 의한 방법이 있습니다.

전국 고등학교 1학년 학생들을 모집단으로 하여 임의 표본 900명을 뽑아 몸무게를 조사한 결과 평균 60kg, 표준편차 3kg을 얻었다고 해봅시다. 이때 전국 고등학교 1학년 학생들의 평균 몸무게를 어떻게 추측할 수 있을까요? 직관적으로는 60kg 근방의 어느 값이라고 추측할 수 있을 것입니다.

모집단의 분포가 정규분포 $N(m, \sigma^2)$을 따를 때, 모평균 m은 다음의 범위에 놓입니다($\overline{X}$는 표본평균, n은 표본의 크기, σ는 표본표준편차임).

신뢰도가 95%일 때, $\overline{X} - 1.96 \times \dfrac{\sigma}{\sqrt{n}} \leq m \leq \overline{X} + 1.96 \times \dfrac{\sigma}{\sqrt{n}}$

신뢰도가 99%일 때, $\overline{X} - 2.58 \times \dfrac{\sigma}{\sqrt{n}} \leq m \leq \overline{X} + 2.58 \times \dfrac{\sigma}{\sqrt{n}}$

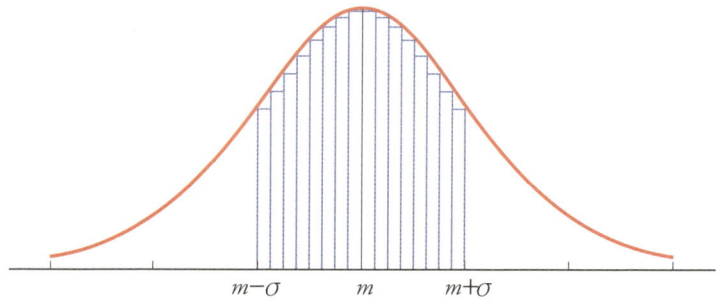

위의 식을 해석하기에 앞서 신뢰도가 95%, 99%라는 것을 직관적으로 파악할 필요가 있습니다. 신뢰도가 높다는 것은 모평균의 범위를 그만큼 잘 추측할 수 있다는 말인데, 범위가 넓을수록 그 사이에 모평균이 들어갈 확률이 높으므로 신뢰도가 높다고 말할 수 있습니다.

만약 신뢰도를 100%로 잡는다면 범위를 더 넓게 잡으면 됩니다. 그러나 이렇게 하는 것은 모집단 전체를 조사하는 것과 같고, 임의의 표본을 조사하는 편리함과 시간 단축성이 사라지므로 모평균을 추정하는 의미가 전혀 없습니다.

그럼 이제 앞의 식을 이용하여 모평균의 값을 추정하여 비교해봅시다.

1) 신뢰도가 95%일 때

$$60-1.96 \times \frac{3}{\sqrt{900}} \leq m \leq 60+1.96 \times \frac{3}{\sqrt{900}}$$

$$59.804 \leq m \leq 60.196$$

즉, 전국 고등학교 1학년 학생들의 평균 몸무게는 59.804kg과 60.196kg 사이의 어느 값이라고 추정할 수 있습니다.

2) 신뢰도가 99%일 때

$$60-2.58 \times \frac{3}{\sqrt{900}} \leq m \leq 60+2.58 \times \frac{3}{\sqrt{900}}$$

$$59.742 \leq m \leq 60.258$$

신뢰도를 더 높이자 전국 고등학교 1학년 학생들의 평균 몸무게를 추정할 수 있는 범위가 59.742kg과 60.258kg 사이로 더 넓어졌습니다. 이렇게 나온 결과를 해석할 때 다시 한 번 신뢰도 95%, 99%의 의미를 주의해야 합니다.

신뢰도가 95%라는 것은 전국 고등학교 1학년 학생들의 평균 몸무게가 59.804kg과 60.196kg 사이의 값을 가진다는 사실을 95%로 믿을 수 있다는 뜻이 아닙니다. 900명의 학생을 표본으로 뽑아 모평균을 조사할 때 100번 중 95번은 59.804kg과 60.196kg 사이에 실제 모평균을 포함할 수 있다는 것입니다. 즉, 나머지 5번은 모평균을 포함하지 못할 수도 있다는 것이지요.

수집한 자료를 정리하여 해석할 때 신뢰도, 표본의 크기, 표본평균, 표본표준편차를 이용하면 거대한 자료도 이렇게 간단하게 표현됨으로써 자료의 효율성을 높일 수 있습니다.

삶은 수학
자료와 정직

시험을 보고 나서 많은 학생이 선생님에게 "평균이 몇 점이에요?"라고 묻습니다. 우리는 굳이 '평균'에 관심을 둡니다. 그러나 숫자상의 중간은 의미가 없습니다. 현실과 너무 동떨어진 경우가 많기 때문이지요. 많은 사람이 '평균'이라면 산술평균을 떠올리지만 수학에서는 기하평균, 중앙값, 최빈값 등 대푯값을 정하는 방식에 따라 자료를 대표하는 수가 다양하게 존재합니다.

예를 들어, 노동조합과 회사측이 임금을 협상할 때 회사측은 임원의 고액 연봉까지 포함시켜 계산한 산술평균을 평균 임금으로 주장하고, 노동조합은 가장 많은 수의 직원들이 받는 연봉(최빈값)을 평균 임금이라고 주장합니다.

또 다른 예를 들어봅시다. 100km 이동 거리에 따른 사망자 수가 기차의 경우 9명이고, 비행기의 경우 3명이라면 비행기가 더 안전할까요, 아니면 기차가 더 안전할까요? 기준을 거리가 아닌 시간으로 바꾸어버리면, 1억 시간당 발생하는 사망자 수가 기차는 7명, 비행기는 24명입니다. 이처럼 자료는 나타내는 기준에 따라 매우 다르게 해석될 수 있습니다.

자료를 대표하는 수를 해석하는 데에는 함정이 존재합니다. 농부 1명이 40마리의 소를 가지고 있고, 농부 9명이 0마리의 소를 가지고 있다면, 최빈값과 중앙값은 0마리이고, 산술평균은 4마리입니다. 산술평균 4마리는 쉽게 계산되어 흔히 농부가 평균적으로 1인당 4마리의 소를 가지고 있다고 해석할 수 있지만, 소 한 마리도 없는 농부 9명의 심정을 생각하면 이것이 결코 의미 있는 대푯값이라는 생각은 들지 않을 것입니다. 이처럼 산술평균은 불평등을 은폐시키는 도구가 될 수도 있습니다.

표본조사가 잘못될 경우, 자료에 대한 해석 자체가 달라질 수 있습니다. 1936년 미국 대통령 선거에서 〈다이제스트*Digest*〉는 1000만 명을, 〈갤럽*Gallup*〉은 단지 5만 명을 표본으로 추출하여 선거 결과를 분석했지요. 그 결과 〈다이제스트〉는 공화당 후보가, 〈갤럽〉은 민주당 후보가 당선될 것으로 예측했습니다. 결과는 뜻밖에도 〈갤럽〉의 예측대로 뉴딜 정책으로 유명한 프랭클린 루스벨트 Franklin Roosevelt, 1882~1945가 대통령으로 당선됐습니다. 〈다이제스트〉의 표본은 일반인들이 아니라 〈다이제스트〉의 정기 구독자들인 친공화당 사람들이었던 것입니다. 이처럼 응답자의 성향도 통계에 영향을 미치는 주요 요인인 셈이지요. 그러므로 표본을 추출할 때는 임의성을 보장해야 하고, 여러 차례 표본추출 과정을 거쳐서 표본평균을 결정해야 합니다.

스스로 해봐요

전 세계적으로 대중화된 스마트폰 사용은 독서에 어떤 영향을 미칠까요? 한국, 중국, 일본, 대만의 4개국 각 1000명씩 총 4000명을 대상으로 설문조사를 실시했습니다.

다음 표는 대중교통을 이용할 때 휴대폰을 사용하는 사람의 비율을 국가별로 나타낸 것입니다.

(단위 : %)

국가	한국	중국	일본	대만
동의	76.0	75.9	54.1	54.3

다음 표는 위 표에서 대중교통을 이용할 때 휴대폰을 사용하는 사람들을 대상으로, 스마트폰을 가지고 있으면 독서량이 늘어난다는 것에 대한 의견을 나타낸 것입니다.

(단위 : %)

국가	한국	중국	일본	대만
적극 동의	48	44	20	46
동의	28	26	42	36
비동의	24	30	38	18

※ 자료 출처 : '스마트폰 대중화, 독서에 영향 미칠까?', 〈데이터뉴스〉, 2011. 6. 16

❶ 두 표를 보고 무엇을 알 수 있나요? 두 표를 보고 다양하게 해석해봅시다.

❷ 문제 1에서 두 표를 보고 다양하게 해석한 것을 그래프로 나타내봅시다.

7장
스토리텔링으로 수학하기

이야기의 힘

다음 문제 1을 읽어보세요. 답을 구하지 못하더라도 괜찮습니다. 우선 읽고 문제의 의미를 생각해보고, 해결하기 위한 시간을 가져보세요.

문제 1. 모든 집합을 두 집단으로 나누어 한 집단은 자신을 원소로 하는 집합들을 모으고, 또 한 집단은 자신을 원소로 하지 않는다고 가정하자. 즉, 두 집합 P, Q에 대해서 $P=\{X|X\in X,\ X는\ 집합\}$, $Q=\{X|X\notin X,\ X는\ 집합\}$이라고 하

수학 교과서	7장에 사용된 개념
중학교 1학년	문자와 식
중학교 2학년	입체도형, 정다면체
고등학교	집합, 수열의 극한

자, 그렇다면 $Q \in P$일까, 아니면 $Q \in Q$일까?

무슨 말인지 이해하기 쉽지 않지요? 문제가 이해되지 않으니 답을 구하지 못하겠다는 아우성이 들리는 듯합니다. 이 문제는 어려운 문제가 맞습니다.

이 문제는 영국의 철학자이자 수학자, 작가이자 사회 운동가였던 버트런드 러셀Bertrand Russel, 1872~1970이 제기한 유명한 '러셀의 역설'입니다. 그렇다면 이번에는 다음 문제 2를 읽고 다시 한 번 생각해보세요.

문제 2. 세비야라는 도시에 이발사가 있다. 그는 문 앞에 '자신이 면도를 하지 않는 사람을 면도해드립니다'라고 써 놓았다. 그것을 본 어떤 사람이 그에게 이렇게 물었다. "그렇다면 당신의 면도는 누가 합니까?"

위 문제를 조금만 깊이 생각해보면 이발사가 써 붙인 문구가 논리에 맞지 않다는 것을 알아챌 수 있을 것입니다.

첫째, 이발사가 자신을 면도한다면 그것은 '자신이 면도를 하지 않는 사람을 면도해드립니다'라는, 즉 '이발사는 다른 사람을 면도해주는 사람이다'라는 명제를 어기는 것입니다. 둘째, 이발사가 자신을 면도하지 않는다면 다른 이발사가 면도를 해주는 경우일 것입니다. 그런데 이 이발사는 '자신이 면도를 하지 않는 사람'에 해당하므로 이발사는 자신을 면도해야 합니다. 결국 이발사는 이러지도 저러지도 못하는 모순적인 상황에 처하게 됩니다.

여기서 문제의 답보다 중요한 사실은 문제 1과 문제 2가 결국은 동일한 문제라는 것입니다. 러셀은 러셀의 역설을 로시니의 오페라 〈세비야의 이발사〉에 풍유하여 '이발사의 역설'이라는 이야기 버전으로도 만든 것이지요. 두 문제가 똑같은 구조의 문제라고 한다면 문제 1도 모순이라는 것을 알겠지요?

해설을 하자면, $Q \in P$라고 할 때, 즉 집합 Q가 P의 원소라고 하면 Q는 자신을 원소로 갖는 집합이므로 $Q \in Q$가 성립하지만 이것은 애초에 가정했던 집합 Q의 정의에 위배되고, $Q \in Q$라고 할 때, 이

경우 역시 $Q \notin Q$라는 가정에 위배되므로 집합 Q는 P와 Q, 그 어느 쪽에도 속하지 않게 됩니다.

러셀의 역설은 19세기 말 집합론을 바탕으로 수학의 엄밀성과 정확성이 더해져 비약적인 발전을 이룩하고 있던 수학계에 큰 반향을 일으키면서 위기를 초래했던 문제입니다. 러셀은 왜 러셀의 역설을 이발사의 역설이라고 하여 이야기 버전을 하나 더 만들었을까요? 바로 논리학을 전문적으로 공부하지 않은 일반인들도 이해하기 쉽게 하기 위해서입니다. 러셀은 이야기의 힘을 알고 있었던 것이지요. 똑같은 내용도 이야기에 담으면 직관적으로 더 빨리, 더 쉽게, 더 깊이 이해할 수 있음을 이 이야기를 통해서 알 수 있습니다.

스토리텔링storytelling이란 이야기story와 말하기telling의 합성어로, 이야기로 말하는 각종 행위를 일컫습니다. 동화, 소설, 만화, 드라마, 영화, 광고, 뮤직비디오, 연극, 연설 등에서부터 블로그나 SNS에 올리는 사진, 글, 동영상과 같은 디지털 스토리텔링, 온라인 게임을 위한 게임 스토리텔링까지 우리의 일상은 스토리텔링으로 둘러싸여 있다고 해도 과언이 아닙니다.

그렇다고 해도 과연 수학으로 스토리텔링을 할 수 있을까요? 왜 스토리텔링 수학을 해야 할까요? 스토리텔링 수학은 어떻게 하는

```
          . 1 2 3 4 5 6 7 8 9 0
          0 . 1 2 3 4 5 6 7 8 9
          9 0 . 1 2 3 4 5 6 7 8
          8 9 0 . 1 2 3 4 5 6 7
          7 8 9 0 . 1 2 3 4 5 6
          6 7 8 9 0 . 1 2 3 4 5
          5 6 7 8 9 0 . 1 2 3 4
          4 5 6 7 8 9 0 . 1 2 3
          3 4 5 6 7 8 9 0 . 1 2
          2 3 4 5 6 7 8 9 0 . 1
          1 2 3 4 5 6 7 8 9 0 .
```

진단 0:1 26.10.1931 以上 책임의사 이상

걸까요? 이러한 궁금증들을 풀어나가기 위해서 먼저 스토리텔링 수학의 몇 가지 예를 살펴봅시다.

숫자들이 거울에 비친 상으로 나열되어 있는 앞의 예시의 정체는 과연 무엇일까요? 수학 같아 보이기도 하고 미술 작품 같아 보이기도 하는 이것은 한 편의 시입니다. 천재 시인 이상1910~1937의 〈오감도烏瞰圖 시 제4호〉, 부제 '환자의 용태에 관하여'입니다.

이 시를 보면, 위에서 아래로 내려갈수록 소숫점이 오른쪽으로 한 자리씩 옮겨가면서 숫자가 점점 작아지고 있습니다. 수학적으로 이야기하면, 이 수열은 위에서 아래로 한 행씩 내려갈 때마다 0.1씩 곱해지는 등비수열이라고도 할 수 있을 것입니다. 이 등비수열을 따른다면 첫째항이 제아무리 큰 수일지라도 일반항의 극한값은 0으로 수렴할 것입니다. 이것을 수식으로 표현하면 다음과 같습니다.

$$\lim_{n \to \infty} a(0.1)^{n-1} = 0 \ (a \neq 0)$$

특히 마지막 줄을 유심히 살펴봅시다. 수학에서 비 $a : b$는 흔히 $\frac{a}{b}$라는 분수 형태로 나타낸다는 사실을 염두에 두면, 위 시에서 마지막 줄의 진단 결과 $0 : 1$은 $\frac{0}{1}$, 즉 0이 되므로 이것을 소멸이나 죽음으로 해석하는 사람들도 있습니다. 좀 더 나아가서 이 시를 보고 책임의사 이상이 '합리주의(숫자 1234567890)가 지배하는 세상에 사형 선고를 내리고 있다'라고, 조금은 어려운 문학적인 해석을 내

놓기도 합니다.

　나와는 전혀 상관없을 것만 같았던 수열과 극한을 멋진 시에서 발견하니까, 수열과 극한이 한층 가깝게 느껴지지 않나요? 이처럼 생각을 조금만 바꾸면 수학 속에 이야기를 담을 수 있고, 반대로 이야기 속에 수학을 담을 수도 있습니다. 수학으로 스토리텔링을 한다는 것은 바로 수학과 이야기를 융합시키는 것입니다. 수학과 이야기의 만남, 스토리텔링 수학은 지금까지 보지 못했던 수학의 새로운 모습을 만나게 해줍니다.

　이번에는 이야기 속의 수학을 살펴볼까요? 《걸리버 여행기》는 영국 작가 조너선 스위프트Jonathan Swift, 1667~1745가 1726년에 쓴 풍

자 소설입니다. 주인공 걸리버가 소인국과 거인국 등에서 겪는 흥미진진한 이야기를 통해서 인간의 어리석음을 신랄하게 풍자하지요. 소인국의 국왕 릴리퍼트는 자신들보다 '12배'나 큰 거인 걸리버를 소인국의 국민으로 인정해주고, 300명의 요리사를 동원하여 그에게 1728인분의 음식을 만들어줬다는 내용이 있습니다. 작가는 왜 1000인분도 아니고 2000인분도 아닌 1728인분의 음식이라고 했을까요? 여기에는 부피의 비례 관계에 대한 수학이 숨어 있습니다. 소인국 사람들보다 12배 큰 걸리버의 부피는 소인국 사람들보다 12의 세제곱인 1728배 클 것이라는 계산을 통해 음식량을 구한 것이지요. 이처럼 소설, 시와 같은 문학 작품의 상황들은 실생활에서 수학적으로 사고하는 방법을 익힐 수 있는 수학 문제의 배경이 될 수 있습니다.

수학 이야기 창작하기

이제 스토리텔링이란 무엇이고, 스토리텔링으로 수학을 하게 되면 어떤 장점이 있는지 한 발짝 더 176쪽 조금은 알았지요? 지금부터 직접 나만의 수학 이야기를 만들어봅시다. 수학으로 어떻게 이야기를 만들까, 하고 의구심을 가진 친구들도 직접 해보고 나면 그 재미에 푹 빠질 것입니다. 스토리텔링 수학을 다음과 같이 네 단계로 나누어서 차근차근 설명해보겠습니다.

| 수학 주제 선택 및 분석 | ⇨ | 나만의 느낌 찾기 | ⇨ | 스토리텔링 방법 정하기 | ⇨ | 이야기 만들기 |

스토리텔링으로 다시 태어난 입체도형의 성질

시작하는 첫 단계가 수학적으로 가장 중요한 단계입니다. 바로 이야깃거리를 찾는 것이지요. 수학에서 이야기로 만들 개념을 하나 선택하세요. 그리고 선택한 수학 개념의 정의와 성질에 대해 느낌을 적어보고, 관찰을 통해 발견한 흥미로운 수학적인 사실을 정리해봅시다.

평면도형보다 복잡해 보여서 약간 어렵게 느껴졌던 입체도형을 가지고 한번 스토리텔링을 해볼까요?

1단계. 수학 주제를 선택하고 분석하기

정다면체 가운데 정육면체를, 회전체 가운데 구를 선택하기로 해요. 그 성질을 생각해보면 정육면체는 6개의 면으로 둘러싸여 있고, 꼭짓점은 8개입니다. 구는 어느 방향으로 자르더라도 단면이 원이 되지요.

이 두 입체도형의 특징을 관찰해봅시다. 책 읽기를 잠시 멈추고 여러분이 직접 찾아서 적어보는 건 어떨까요? 여러분이 찾아낼 수 있는 수학적 특징, 두 입체도형과 비슷한 주변 사물과 그 특징 등을 적어 보세요.

표7-1. 정육면체와 구의 수학적 특징 및 비슷한 사물과 그 특징

대상	수학적 특징	비슷한 사물과 그 특징
	• 정다면체이다. • 면의 모양은 정사각형이다. • 꼭짓점 1개는 3개의 면으로 둘러싸여 있다. • 꼭짓점은 8개, 모서리는 12개, 면은 6개이다.	• 주사위, 깍두기 • 평평한 면이 있기 때문에 고정되기 쉽다. • 쌓기 쉽다.
	• 회전체이다. • 단면의 모양은 원이다. • 어느 부분이나 중심에서 떨어진 거리가 일정하다.	• 구슬, 농구공 • 구르기 쉽다. • 쌓기 어렵고, 쌓았을 때 빈 공간이 많이 생긴다.

예를 들어, 정육면체는 주변에서 비슷하게 생긴 사물을 쉽게 찾을 수 있습니다. 대표적으로 주사위가 있고, 한쪽이 뚫려 있기는 하지만 수납용 박스도 정육면체와 비슷하며, 맛있는 깍두기도 정육면체 모양입니다. 구와 비슷하게 생긴 사물로는 구슬, 귀걸이, 농구공 등이 있습니다. 정육면체는 평평한 면이 있기 때문에 고정되기 쉽지만, 구는 조금만 건드려도 굴러가버리지요. 그리고 정육면체는 크기만 잘 맞는다면 차곡차곡 빈틈없이 쌓을 수 있습니다. 하지만

구는 아무리 정성들여 쌓아도 빈 공간이 생기고, 쌓기도 쉽지 않습니다.

2단계. 나만의 느낌 찾기

지금까지 찾은 수학적 사실과 관찰을 바탕으로 수학적 대상을 의인화해보거나 대상끼리의 관계를 생각해볼 수 있습니다. 한번 정육면체와 구를 의인화해볼까요? 정육면체와 구가 사람이라면 어떤 성격일지 상상해서 적어봅시다.

표7-2. 의인화한 정육면체와 구의 성격

정육면체의 성격	구의 성격
• 움직이기 싫어한다. • 고지식하다. • 빈틈없는 완벽주의자이다. • 깔끔하다.	• 활동적이다. • 조금 산만하다. • 자유분방하다. • 덤벙거린다. • 원만한 성격으로 친구가 많다.

지금까지 배웠던 수학과는 달리 이 문제에는 정답이 없습니다. 여러분이 직접 창의력을 발휘해서 각 입체도형에 성격을 부여해보세요. 예를 들어, 정육면체는 잘 고정되는 성질이 있으므로 '움직이기 싫어한다' 또는 '고지식하다'라는 성격을 부여할 수도 있고, 긍정적으로 '빈틈이 없다' 등의 성격을 부여해볼 수도 있을 것입니다. 구는 정

육면체에 비해 '산만하다', '활동적이다', '자유분방하다' 등으로 나타 낼 수 있겠지요. 그 밖에도 자유롭게 상상의 나래를 펼쳐서 다양하 게 생각해보세요.

3단계. 스토리텔링 방법 정하기

앞에서 스토리텔링을 소개할 때 제시한 것처럼 스토리텔링의 구체적인 방법은 매우 다양합니다. 이야기로 표현할 수 있는 모든 방법을 동원할 수 있기 때문이지요. 수학 소설, 수학 콩트, 수학 만화, 수학 연극, 수학 동화, 수학 신문, 수학 공부 방법 공익 광고, 수학 게임 등이 있습니다. 앞에서 선정한 수학 주제에 적합해 보이는 방법을 선택하거나 내가 좋아하는 방법을 선택해도 됩니다. 또는 소재를 분석하고 나서 등장인물과 배경까지 살핀 후 아이디어를 얻어 스토리텔링 방법을 정해도 됩니다.

예시 : 정육면체와 구를 주제로 한 판타지 연극

4단계. 이야기 만들기

이야기를 재미있게 만들기 위해서는 적당한 갈등과 반전 장치가 있어야 합니다. 주요 사건은 주로 갈등을 통해 그려지지요. 주인공이 이루고 싶은 목표가 있거나 현재 매우 만족스러운 상태에 있는데, 그것이 어떤 이유로든 방해를 받게 되면 갈등이 일어나고 그 갈등이 해소되는 과정이 하나의 이야기가 됩니다. 정육면체와 구의 예에서는 두 입체도형의 서로 다른 특성을 이용해 갈등과 반전을 만들어 이야기를 꾸며볼 수 있을 것입니다.

등장인물의 설정

이야기를 바로 만들어도 되지만 등장인물이 있는 경우 주인공을 중심으로 한 등장인물의 성격을 분명히 설정해놓으면 이야기에 더욱 설득력이 생깁니다. 이때 수학 개념 탐색 단계에서 얻은 결과를 잘 융합해보세요.

- 주인공 : 육면돌이
- 주인공 친구 : 구순이
- 주인공의 성격 : 고지식한 성격으로 움직이는 걸 싫어하고 빈틈을 싫어하는 완벽주의자이다.
- 구순이의 성격 : 원만한 성격으로 자유분방하고 가만히 있지 못하고 돌아다닌다.

주요 사건과 배경 정보 설정

주로 인물들 간의 갈등과 해소를 토대로 주요 사건을 설정합니다. 다음으로 사건의 배경이 되는 시간과 공간을 설정합니다. 이러한 배경 정보는 이야기의 전개, 주인공의 행동에 정당성을 부여하기도 하고 이야기를 더 재미있게 만드는 데 결정적인 역할을 하기도 합니다.

- 공간적 배경 : 도형 세계, 정육면체 나라, 구 나라
- 시간적 배경 : 가상의 세계이므로 특정한 시간적 배경을 정하지 않는다.
- 주요 사건 : 구 나라의 구순이가 정육면체 나라에 들어가게 되면서 자신과는 많이 다른 정육면체 나라 육면돌이의 모습에 갈등을 느낀다.

플롯의 구성

갈등과 클라이맥스, 반전 등 사건을 배열하고 구성하는 것을 플롯이라고 합니다. 흔히 이야기를 만든다고 하면 플롯 구성을 떠올릴 만큼 플롯 구성은 가장 중요하고 재미있는 단계입니다.

- 구순이가 비행을 하다가 정육면체 나라에 불시착, 그곳에서 지내게 된다.
    - ➡ 정육면체 나라 친구 육면돌이와 성격이나 생활 습관 등이 많이 달라 갈등을 겪는다.
    - ➡ 결국 구순이는 육면돌이와 말다툼을 벌인다.
    - ➡ 구순이와 육면돌이는 대화를 통해 둘이 서로 다르다는 것을 깨닫고선 서로를 이해하며 화해한다.

대사, 자막, 내레이션 작성

지금까지의 작업을 바탕으로 장르에 맞게 내용을 채워 넣어봅시

다. 만화를 구상했다면 만화를 직접 그리고 대사를 채워 넣고, 연극을 생각했다면 연극 대본을 쓰는 것이지요.

등장인물 : 육면돌이, 구순이

해 설 : 구순이는 구 나라에 살고 있었습니다. 어느 날 비행을 하다가 정육면체 나라에 불시착했습니다. 떼굴떼굴 굴러서 사람들이 있는 마을로 내려갔는데, 정육면체 나라 사람들은 심각한 표정으로 과묵하게 움직이지도 않았습니다. 길을 찾다가 육면돌이를 알게 됐고 육면돌이 집에서 당분간 지내기로 했습니다.

구순이 : (덜그럭덜그럭)

육면돌이 : 구순아, 넌 만날 그렇게 덜그럭거리면서 가만히 있지 못하니?

구순이 : (달그락달그락) 난 신체 구조상 가만히 있을 수가 없다고!

해 설 : 구순이가 육면돌이 주변을 뱅글뱅글 돌다가 육면돌이의 뾰족한 모서리에 부딪혀서 아파합니다.

구순이 : 아얏!

육면돌이 : (화난 목소리로) 야! 그러니까 좀 가만히 있어!

해 설 : 구순이는 뾰족한 모서리에 부딪힌 곳이 얼얼하고 아픈데 육면돌이가 화를 내니까 구순이도 화가 슬슬 나기 시작합니다.

구순이 : 육면돌이야, 넌 어떻게 그렇게 움직이지도 않고 가만히 있을 수 있어? 너희 가족도 그렇고. 꼼짝도 않고 차곡차곡 쌓여만 있잖아.

육면돌이 : 그러는 너는 우리랑 다르게 생겨서 차곡차곡 쌓을 수가 없잖아. 줄

맞춰 세울 수도 없고. 네가 들어가는 곳은 빈틈이 생겨서 보기 싫다고.

구순이 : 그건 내가 바꿀 수 없는 거야. 난 가만히 있을 수도 없고 틈을 맞추어서 줄 설 수도 없어. 그럼 네가 나처럼 굴러다니고 부딪혀도 아프지 않게 모서리를 다 없앨 수 있어?

육면돌이 : 어…… 글쎄.

해 설 : 육면돌이와 구순이는 한동안 침묵하다가 서로의 모습을 진지하게 살펴보기 시작했습니다. 서로가 비슷한 듯하지만 다르다는 점을 깨닫고, 다른 점에 대해서 생각해보기 시작합니다.

육면돌이 : 그러고 보니 너는 평평한 면을 가지고 있지 않구나. 대신 움직이기에는 매우 좋겠다. 나는 한번 움직이려면 꽤 힘을 써야 하거든.

구순이 : 그렇겠네. 너는 모서리가 있어서 움직이기는 힘들겠지만 그 덕분에 한군데 고정해 있을 수도 있고 쌓아 올라갈 수도 있구나.

육면돌이 : 그럼 우리 서로 도와주도록 하자. 내가 이동할 때는 네가 나를 밀어주고, 네가 가만히 있어야 할 때는 내 옆면에 기대는 거야.

구순이 : 그럼 우리 화해한 거지?

육면돌이 : 하하, 그래.

해 설 : 육면돌이와 구순이는 비슷해 보여도 차이가 있을 수 있고, 다르지만 서로 돕고 의지할 수 있다는 것을 배웠습니다.

어떻습니까? 앞에서 여러분이 발견한 내용으로 훌륭한 이야기가 만들어졌지요? 수학으로 이야기를 만들어보는 경험이 처음이라 어색하고 쉽지 않겠지만 직접 시도해보면 그 대상과 개념이 더 잘 와 닿는 경험을 해볼 수 있습니다.

한 발짝 더
스토리텔링 수학으로 창의성이 쑥쑥

"태정태세문단세……."

주문처럼 들리기도 하는 이 말은 이미 많은 학생에게 친숙할지도 모릅니다. 조선 시대 왕 이름을 순서대로 쉽게 외우기 위해서 첫 글자만 따서 억지로 연결하여 만들어낸 문구인데, 일종의 유행어 같기도 합니다. 이처럼 특별한 관련이 없는 단어들을 빠른 시간 내에 외우기 위해 임시방편으로 쓴 전략은 시험을 보고 나면 그 내용을 며칠 이내로 금방 잊기 십상이므로 소용이 없는 경우가 많습니다.

반면, 몇 년이 지나도 쉽게 잊히지 않는 것들이 있습니다. 재미있게 보았던 만화나 드라마의 줄거리 같은 것은 쉽게 잊히지 않지요. 드라마에 나온 인물의 이름이나 얼굴은 정확하게 기억나지 않더라도 그 작품 속에서 주인공의 역할은 무엇이었고, 악역들과의 관계는 어땠는지 정도는 오랫동안 기억에 남습니다.

스토리텔링 수학은 수학적 개념들을 하나하나 따로따로 이해하기보다는 그들 사이의 관계를 긴밀하게 연관 지어 맥락 속에서 이해할 수 있도록 도와줍니다. 그래서 더욱 깊은 이해가 가능할 뿐 아니라 오랫동안 기억에 남게 합니다.

1, 2, 3, …과 같은 자연수는 어떻게 만들어졌을까요? 좌표평면이 하늘에서 뚝 떨어지지는 않았을 텐데 누가 처음으로 고안해낸 걸까요? 수학 역시 창의성과 상상력의 산물입니다. 수학에서는 논리적 사고력과 문제 해결력만 필요할 것 같지만, 수학의 역사를 보면 새로운 발견에 논리적 사고를 뛰어넘는 것들이 많습니다. 우리가 사용하고 있는 자연수부터 분수, 소수, 십진법도 모두 인간이 고안해낸 것들입니다. 0이나 허수의 발견, 도형과 함수의 결합 등 수학 교과서에 있는 대부분의 내용은 인간이 창의성을 발휘해 만들어낸 작품들입니다.

《몰입의 즐거움》과 《창의성의 즐거움》 등 많은 책을 쓴 미하이 칙센트미하이Mihaly Csikszentmihalyi, 1934~는 인간의 유전자 구조는 침팬지와 98.77% 일치하지만, 언어, 가치관, 예술적 표현, 과학 기술 지식 등으로 표현되는 창의성이 인간과 침팬지를 다르게 만든다고 했습니다.

내가 좋아하는 이야기를 실감나게 만들어서 친구들과 공유하다 보면 상상력이 자극되고 흥미를 느낄 수 있을 것입니다. 스토리텔링으로 수학을 하면 재미있게 수학 공부를 하면서 나만의 수학으로 소화할 수 있습니다. 이제 직접 나만의 수학 이야기를 만들어봅시다.

삶은 수학
**새로운 것에
도전하는 용기**

수학과 스토리텔링의 공통점 중 하나는 새로운 것을 만들어내는 창의력이 필요하다는 것입니다. 《해리포터 시리즈》, 《나니아 연대기》와 같이 작가의 상상력이 십분 발휘된 판타지 소설은 창의력이 극대화된 아주 좋은 예입니다. 하지만 수학과 창의력의 관계는 언뜻 이해가 안 될 수도 있습니다. 보통 '수학을 한다'고 할 때 뇌에서 활성화되는 부위는 귀납이나 유추 등의 논리적 사고력과 분석력을 담당하는 좌뇌뿐이고, 창의력이나 상상력을 담당하는 우뇌는 전혀 활성화되지 않을 것처럼 생각되지요.

하지만 인류 태초부터 완성된 형태로 존재했을 것 같은 수학은 사실, 그것을 '만든' 인간의 창의적 활동이 오랫동안 누적되어 온 산물입니다. 가장 늦게 만들어진 숫자 0은 인류 역사상 중요한 발명으로 꼽힙니다. 고대 그리스에서는 0을 숫자로 도입하는 것을 받아들이지 않았습니다. 그들은 '어떻게 없는 것을 나타낼 수 있단 말인가?'라고 생각했습니다. 음수, 분수가 등장하고 나서도 한참 동안 그 누구도 아무 것도 없는 상태를 나타내는 숫자가 필요하다고 생각하지 못했지요. 0은 '수가 없음'을 기호로 나타낸, 그야말로 획기적인 발상의 전환인 셈입니다. 0의 탄생으로 십진법이 확립됐고, 사칙연산을 자유롭게 할 수 있게 됐습니다. 0뿐만 아니라 수학의 역사에는 무리수, 허수, 무한, 집합, 미적분, 극한 등 기존의 지식과 논리를 뛰어넘는, 창의력의 산물들이 가득합니다.

여기에서 우리가 주목해야 할 것은 바로 새로운 지식을 만들어내기 위해 도전하는 '용기'입니다. 다른 사람이 가지 않은 길을 갈 때 마음 한구석에서 솟구치는 두려움, 실패할까봐 전전긍긍하는 걱정스러운 마음을 극복하고, 과감히 모험을 해보는 지적 용기는 창의력의 중요한 원동력이 됩니다. 위축되고 움츠러들수록 창의력은 사라집니다. 모르는 문제를 만났을 때, 겁부터 지레 먹고 '이 문제를 풀지 못하면 어떡하지?'라는 생각에 사로잡히기보다 자신 있게 도전하는 용기를 발휘해보세요. 생각지도 못한 독창적인 해결 방법을 찾아내 위대한 수학의 발견을 이끌어낼 수도 있습니다.

> 꿈을 품고 무언가 할 수 있다면 그것을 지금 시작하라.
> 새로운 일을 시작하는 용기 속에는 당신의 천재성과 능력
> 그리고 기적이 모두 숨어 있다.
> — 요한 괴테 Johann Goethe, 1749~1832

스스로 해봐요

다음 단계에 따라 스토리텔링 수학을 해봅시다.

❶ 스스로 흥미를 느끼는 수학 주제 가운데 하나를 선택하여 수학적 성질을 찾아 써봅시다.

❷ 문제 1에서 고른 수학 주제에 대한 자신만의 느낌을 써봅시다. 그리고 수학 연극, 수학 소설, 수학 동화, 수학 만화 등 적절한 스토리텔링 방법을 선택해봅시다.

❸ 등장인물의 성격이나 외모, 주요 사건과 배경을 설정한 후, 플롯을 구성하여 이야기를 만들어봅시다.

3부

두근두근
수학적 추론

8장
나만의 패턴 만들기

무질서 속에서도 존재하는 패턴

우리가 살고 있는 자연 세계에는 놀라울 만큼 완벽한 질서가 존재합니다. 이 질서는 인간을 포함한 모든 생명체에 일정한 패턴으로 나타나지요. 우리가 쉽게 관찰할 수 있는 것도 있고, 눈에 보이지 않는 것도 있습니다. 패턴이란 반복적으로 나타나는 도형화된 표현이나 일정한 수식을 뜻합니다. 수학자들은 자연 현상, 우주 만물 속에 숨어 있는 패턴을 발견해내고, 그 패턴을 수학적 언어로 표현하여 인간이 이해할 수 있도록 설명하려고 노력해왔습니다. 심지어 규

수학 교과서	8장에 사용된 개념
중학교 1학년	평면도형
중학교 2학년	일차함수
중학교 3학년	인수분해, 이차함수
고등학교	수열

칙이 없는 것처럼 보이는 자연 현상들, 예를 들어 흩어지고 모이는 구름의 형상, 끓는 물의 운동, 예측하기 힘든 기상의 변화 등에서도 규칙성을 찾고자 노력하고 있지요.

 이처럼 수학자들은 질서 속에서뿐 아니라 무질서 속에서도 패턴을 발견하려고 노력합니다. 이런 노력의 결과를 카오스chaos에서 찾을 수 있습니다. 카오스는 질서와 조화를 지닌 세계를 뜻하는 코스모스cosmos의 반대말로, 천지 창조 이전의 완전한 무질서·혼돈을 의미하는 고대 그리스어 'khaos'에서 비롯됐습니다. 이 말은 '크게 벌린 입'이라는 뜻으로, 모든 것을 빨아들인다는 블랙홀을 연상

케 하지요. 1975년 미국 메릴랜드 대학의 수학 교수인 제임스 요크 James Yorke, 1941~가 처음으로 '카오스'란 단어를 사용하기 시작했고, 이후 현대 과학에서 겉으로는 무질서하게 보이지만 안으로는 놀라운 규칙성을 갖고 있는 현상을 뜻할 때 사용하고 있습니다.

카오스에서 규칙성을 설명하는 하나의 방법인 프랙털fractal은 1975년 브누아 만델브로트Benoît Mandelbrot, 1924~2010가 라틴어 'fractus'로부터 만든 단어입니다. 한때 괴물 곡선으로 불릴 만큼 기이한 대상으로 취급되기도 했지요. 만델브로트는 기존의 점, 선, 면, 구 등의 도형을 사용하는 유클리드 기하학으로는 자연 현상의 규칙성을 설명하는 데 한계가 있음을 깨닫고 자연의 규칙을 설명하는 새로운 도구로써 프랙털을 소개했습니다. 창문에 성에가 자라는 모습, 반복되는 산맥의 모습, 동물의 순환계·소화계·신경계, 나뭇가지의 모양, 리아스식 해안선 등은 복잡해 보이지만 프랙털로 패턴을 설명할 수 있는 예입니다. 프랙털은 고사리처럼 부분이 전체를 닮은 모양을 하고 있으면서(자기 유사성), 이런 닮은 모양을 끊임없이 반복하는(순환성) 특징을 지니고 있습니다.

오늘날 프랙털은 수학뿐만 아니라 물리학, 화학, 생명공학, 기상학, 의학 등 여러 분야에서 이용되고 있습니다. 또 프랙털과 컴퓨터를 절묘하게 결합하여 창조적인 예술 작품을 만들어내기도 하는데, 이런 분야를 프랙털 아트라고 합니다.

수학은 패턴의 학문이라고 할 수 있습니다. 기초적인 구구단에서

부터 함수, 수열, 파스칼 삼각형 등에 이르기까지 수많은 수학 개념은 패턴에서 비롯됐습니다. 20세기 초 영국의 대표적 수학자 고드프리 하디Godfrey Hardy, 1877~1947는 "수학자란 아이디어의 패턴을 만드는 사람이고, 패턴을 평가하는 데는 그 아름다움이나 진지함이 기준이 되어야 한다"고 말했습니다. 수학자는 왜 아이디어의 패턴을 만들고 우리는 그것을 가치 있는 것으로 생각할까요? 그것은 우리가 찾은 패턴들을 통해서 현상을 올바르게 보고, 더 나아가 미래를 예측하는 눈을 갖게 되어 새로운 사실을 발견할 수 있기 때문입니다. 그리고 수학은 우리가 살아가는 이 세계의 질서와 규칙, 즉 패턴을 발견해내고, 그것을 설명하려는 노력에 의해서 발달해왔다고 할 수 있습니다.

패턴 찾기에서부터 패턴 만들기까지

우선 몇 가지 예를 통해 패턴 탐구를 연습해봅시다. 이와 같은 패턴 탐구는 '패턴 찾기' 활동과 '패턴 만들기' 활동으로 구성됩니다. 우리가 패턴 탐구를 통해 패턴을 찾고 만드는 연습을 한다면 자연 현상이나 사회 현상에서 패턴을 찾는 눈을 갖게 될 뿐 아니라 수학으로 세상을 보는 안목이 길러질 것입니다. 또한 나만의 패턴을 만드는 과정에서 창의성을 기를 수도 있을 것입니다.

음악 속 패턴 찾기

우선 주변에서 패턴 찾기를 해봅시다. 시각적인 상황뿐 아니라 자연의 소리, 시의 운율, 노래와 같은 청각적인 상황 또는 춤이나 체조와 같은 동작에서도 패턴을 찾을 수 있습니다. 다음은 패턴을 볼 수 있는 노래의 가사 일부입니다. 어떤 패턴이 있는지 찾아보세요.

> 칙칙폭폭 칙칙폭폭 기차를 타고
> 끈적끈적 끈적끈적 사람들 속에
> 두근두근 두근대는 핑크빛 사랑
>
> 유재석 〈더위 먹은 갈매기〉 중에서

각 행의 단어들의 음절 수에서 패턴을 쉽게 찾을 수 있습니다. 그렇다면 다음은 어떤가요?

> 정말 이 바닥은 요만큼의 비약도 없이
> 열 중의 아홉 다 쓰레기라고
> 거침없이 말하고 다니는데,
> 무사안일을 빼면 시체인 원로파의 눈에
> 이제 시작에 불과한 어린 MC가
> 무지 괘씸하게 비쳐지겠지
>
> 버벌진트 〈Overclass〉 중에서

버벌진트의 랩은 패턴을 찾기 쉽지 않았을 수도 있습니다. 비슷한 운율이 반복되는 패턴을 찾아보세요. 찾았나요? 랩의 중간에 비슷한 음절의 반복이 도드라져 보이지는 않지만, 자세히 보면 1행의 '비약도 없이', 2행의 '쓰레기라고'는 '이아오' 운율을 띠고, 3행의 '다니는데', 4행의 '원로파의 눈에'는 '아이으에' 운율을 띠고, 5행의 '이제 시작에' '어린 MC가', 6행의 '무지 괘씸', '비쳐지겠지'는 '이에이' 운율을 띠고 있답니다. 이처럼 비슷한 어구를 반복하거나, 비슷한 발음을 반복하는 것이 랩 작곡의 기본입니다. 우리에게 친숙한 가요에서도 패턴은 중요한 역할을 하고 있답니다.

수학자들의 패턴 찾기

패턴을 찾을 준비 운동이 다 됐나요? 그럼 이번에는 좀 더 수학적인 패턴_{한 발짝 더 202쪽}을 찾아봅시다. 다음 수열의 규칙을 찾아 빈칸의 수를 추측해보세요.

1, 4, 7, 10, 13, 16, ○, 22, 25, 28, …

위 수열은 1에서 시작해서 앞의 수에 3을 더하면 다음 수가 만들어지는 규칙을 가지고 있으므로 빈칸에 나올 수는 19입니다. 다음 수열에서도 규칙을 찾아 빈칸의 수를 알아맞혀봅시다.

5, 8, 6, 9, 7, 10, 8, ◯, 9, 12, 10, …

5에서 시작해서 처음에는 3을 더하고 그 다음에는 2를 빼는 규칙이 반복적으로 나타나는 것이 보이나요? 따라서 빈칸에 나올 수는 11입니다. 숫자뿐만 아니라 도형에서 패턴을 찾는 문제도 이와 비슷하게 해결할 수 있습니다. 다음 나열된 그림들을 보고 마지막에 나올 그림을 생각해보세요.

파란색으로 칠해진 정사각형들의 위치와 개수를 고려하면 마지막 답을 쉽게 찾을 수 있을 것입니다. 이처럼 수와 도형의 배열에서 발견할 수 있는 여러 가지 패턴을 통해 지금 우리가 배우고 있는 수학의 많은 부분이 완성됐다면 믿을 수 있나요? 다음의 여러 등식을 보고 여러분이 알 수 있는 규칙을 말해보세요.

$$4 = 2+2$$
$$6 = 3+3$$
$$8 = 3+5$$
$$10 = 3+7 = 5+5$$
$$12 = 5+7$$
$$14 = 3+11 = 7+7$$
$$16 = 3+13 = 5+11$$
$$18 = 5+13 = 7+11$$
$$20 = 3+17 = 7+13$$

어떤 특징이 보이나요? 등식의 왼쪽 항은 모두 짝수이고, 오른쪽 항은 모두 소수의 합이라는 사실을 발견했나요? 크리스티안 골드바흐Christian Goldbach, 1690~1764는 이러한 수의 배열을 보고 패턴을 찾아서 1742년 '2보다 큰 모든 짝수는 두 소수의 합으로 나타낼 수 있다'라는 가설을 제시했습니다.

이 가설을 '골드바흐의 추측'이라고 합니다. 이 추측에 관한 반례는 아직 발견되지 않았고, 또한 증명되지도 않은 채 200년 넘게 수학의 난제로 남아 있습니다. 수학에서 찾은 패턴은 이렇듯 그것이 참인지 거짓인지 판단하고, 정당화해야 하는 문제가 남게 마련이지요. 하지만 패턴의 발견, 그 자체만으로도 수학적인 발전을 가능하게 합니다.

독일의 수학자 가우스는 열 살이라는 어린 나이에 1부터 100까지 더하는 문제를 계산식에서의 공통된 규칙, 즉 패턴 찾기를 통해 쉽게 해결한 일화로 유명합니다. 그는 1+100=101, 2+99=101, 3+98=101, …, 50+51=101이라는 패턴을 찾음으로써 1부터 100까지 더한 결과는 합이 101이 되는 숫자쌍이 50개라는 사실을 이용하여 (1+100)×50=5050이라는 답을 쉽게 얻었던 것입니다. 이 예를 일반화하면 자연수 n에 대해 다음과 같은 공식을 이끌어낼 수 있습니다.

$$1+2+3+\cdots+n=\frac{n(n+1)}{2}$$

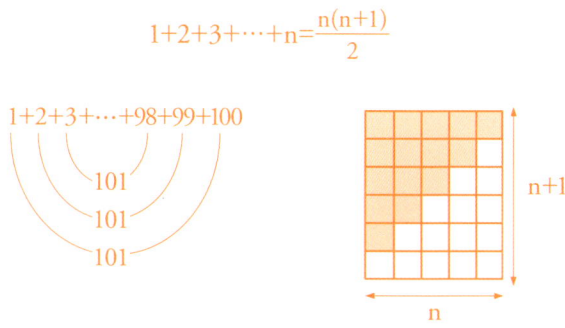

이처럼 주어진 자료에서 패턴을 찾는 것은 현재 상황을 이해하고 미래를 예측하는 데 도움이 됩니다. 하지만 이에 못지않게 현대 사회에서는 스스로 패턴을 만드는 것도 중요합니다. 거의 모든 창작 활동은 이러한 패턴을 만드는 활동이라 할 수 있습니다.

우선 가까운 일상에서 패턴을 만들 수 있는 예를 찾아볼까요? 우리가 즐겨 듣는 댄스 음악의 안무나 다양한 리듬이 반복되는 노래,

포장지나 커튼에서 볼 수 있는 각종 무늬 디자인 등은 패턴 만들기를 통해 이루어진 산물입니다. 앞에서 살펴봤던 노래의 규칙, 랩 작곡이 이러한 예이지요.

패턴 만들기와 패턴 찾기는 동전의 양면과 같습니다. 춤이나 노래의 패턴을 찾다가 나만의 패턴을 만들 수도 있고, 자신이 만든 패턴이 참인지 거짓인지를 검증하기 위해 다시 패턴을 찾아보는 활동을 할 수도 있습니다.

수학에서 어떤 문제를 해결할 때, 먼저 패턴을 찾아 나름대로 추측을 해보고, 자신만의 가설을 세우고, 이것을 수학적으로 증명하면 나만의 패턴이 만들어지는 것이지요. 이러한 과정을 흐름으로 정리하면 다음과 같습니다.

관찰 ⇨ 패턴 추측 ⇨ 증명, 확인 ⇨ 또 다른 패턴 발견

바둑돌을 나열하는 패턴 만들기

다음은 일정한 규칙으로 바둑돌을 나열한 것입니다.

첫 번째   두 번째   세 번째   네 번째

1단계. 관찰하기

 첫 번째부터 네 번째까지 나열된 바둑돌들의 개수를 세어봅시다. 1, 4, 9, 16입니다. 이 수열에서 어떤 규칙을 엿볼 수 있나요? 그리고 바둑돌들이 놓인 모양을 보면 한결같이 정사각형으로, 크기가 점점 커지고 있습니다.

 이 패턴을 따르면 다섯 번째에 나열될 바둑돌들도 정사각형 모양을 이룰 것이라는 것을 추측할 수 있습니다. 그렇다면 다섯 번째에는 몇 개의 바둑돌들이 나열될까요?

2단계. 패턴 추측하기

 첫 번째부터 네 번째까지 나열된 바둑돌들의 수열을 자세히 들여다보면 제곱수(어떤 수를 제곱하여 얻은 수)라는 규칙을 발견할 수 있습니다. 즉, 첫 번째는 1^2개, 두 번째는 2^2개, 세 번째는 3^2개, 네 번째는 4^2개이므로, 다섯 번째는 5^2개가 될 것입니다. 이런 패턴으로 바둑돌들이 놓인다면, 스무 번째에는 몇 개의 바둑돌들이 놓일까요? 스무 번째에는 20^2개, 즉 400개의 바둑돌들이 놓일 것이라 추측할 수 있습니다.

3단계. 증명하고 확인하기

 앞 단계에서 추측한 패턴이 올바른지 어떻게 확인할 수 있을까요? 제곱수가 되는 원리를 기하학적으로 살펴봅시다. 바둑돌 하나를 정사각형이라고 생각할 때, 가로와 세로의 변을 차지하는 바둑돌들의 개수가 그 다음 번째로 갈수록 하나씩 늘어나는 것을 알 수 있습니다. 즉, 1×1, 2×2, 3×3, 4×4, …와 같은 패턴을 유지하면서 바둑돌들이 나열되므로, 스무 번째에는 20×20개의 바둑돌들이 놓일 것이라는 추측할 수 있지요.

고대 그리스 피타고라스학파에서는 이처럼 사각형 모양으로 나열된 사물의 변화로부터 그 변화의 규칙성을 탐구하여 수로 표현했는데, 이를 '사각수'라고 불렀습니다. 즉, 사각수와 제곱수는 똑같이 n^2이라는 일반항으로 나타낼 수 있는 동일한 패턴을 보입니다.

4단계. 또 다른 패턴 발견하기

이 바둑돌들의 나열에서 또 다른 패턴을 찾아봅시다. 각 단계의 바둑돌들의 수 자체를 관찰하는 것이 아니라 다음 단계로 넘어갈 때의 바둑돌들의 수의 변화에 관심을 가지면 또 다른 패턴도 발견할 수 있습니다. 첫 번째 바둑돌의 수에서부터 단계별로 늘어나는 바둑돌들의 개수는 각각 1, 3, 5, 7개입니다.

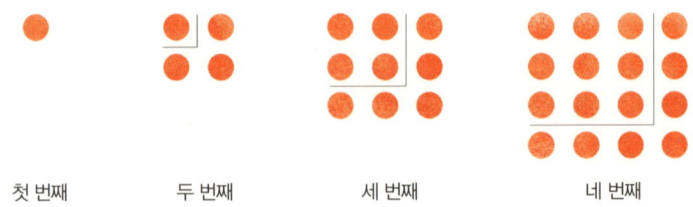

첫 번째   두 번째   세 번째   네 번째

즉, 단계별로 바둑돌의 수가 늘어나는 양상은 홀수의 증가라는 일정한 규칙을 띠고 있음을 알 수 있습니다. 따라서 다섯 번째 바둑돌들의 개수는 네 번째 바둑돌들의 개수인 16에 9를 더한 25개일 것이고, 여섯 번째 바둑돌들의 개수는 25에 11을 더한 36개일 것입니다. 정리하면, 첫 번째 그림은 1개, 두 번째 그림은 1+3개, 세 번째 그림은 1+3+5개, 네 번째 그림은 1+3+5+7개의 바둑돌들이 나열되어 있다고 표현할 수 있습니다. 이 규칙을 공식화하면 다음과 같습니다.

$$n번째 \ 바둑돌의 \ 개수 = 1+3+5+7+\cdots+(2n-1)$$

이 공식을 앞에서 살펴봤던 사각수(제곱수)의 일반항과 연결하면 수학적으로 의미 있는 또 하나의 패턴이 만들어집니다.

$$n^2 = 1+3+5+7+\cdots+(2n-1)$$

즉, n번째에서 1부터 2n-1까지의 홀수들의 합은 n의 제곱이 된다는 위의 식을 가지고, 마치 도미노의 원리처럼 n+1번째에서도 성립하는 것을 보이면, 위의 식은 항상 성립하는 등식이라는 것을 증명할 수 있습니다. 이로써 또 하나의 수학적인 패턴이 탄생하는 것이지요.

도형을 이용하여 패턴 만들기

그런가 하면 도형을 이용하여 자신만의 패턴을 만들 수도 있습니다. 앞에서 살펴본 도형의 배열을 떠올려보면, 몇 가지 기본 도형을 이용하여 자신만의 패턴을 간단히 만들 수 있습니다. 예를 들어, 한 변의 길이가 모두 같은 정육각형, 정사각형, 마름모, 정삼각형, 평행사변형, 등변사다리꼴(단, 등변사다리꼴의 가장 긴 변의 길이는 다른 변의 길이의 두 배)을 도형의 각 변을 마주하여 늘어놓는 것만으로도 자신만의 패턴을 구성해볼 수 있습니다. 도형을 늘어놓을 때 일정한 규칙으로 배열하는 것이지요.

다음 그림은 위 도형 중 정삼각형, 정사각형, 정육각형으로 만든 패턴의 한 예입니다. 어떤가요, 규칙성을 통한 수학적 아름다움을 찾을 수 있나요?

나움 가보 곡선 만들기

수와 도형을 동시에 고려하여 규칙을 만든 예도 살펴봅시다. x축과 y축, 두 축으로 이루어진 좌표평면에서 위치를 나타내는 수들에 관계를 부여하여 선분으로 연결해볼까요? 좌표평면에서 x축의 값들을 a, y축의 값들을 b라고 할 때, $a+b=12$를 만족하는 a에 해당하는 점과 b에 해당하는 점을 모두 선분으로 연결하면 아래의 그래프가 얻어집니다.

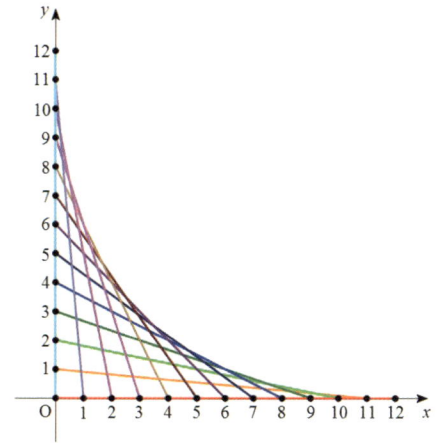

$a+b=12$를 만족하는 선분들
(a는 0을 포함한 x축의 양의 정수, b는 0을 포함한 y축의 양의 정수)

분명히 선분만 그었을 뿐인데, 곡선으로 보이는 것이 신기하고 더욱이 아름답기까지 합니다. 좀 더 다양한 수들의 관계 규칙을 만들어내서 이를 그래프에 적용하면 화려한 하나의 작품이 탄생할 수도 있습니다. 다음은 어떤 규칙성을 가지고 수들에 관계를 부여하여 선분으로 이어 만든 것입니다.

이러한 패턴을 이용한 도형의 아름다움에 푹 빠진 예술가가 있었습니다. 바로 러시아의 나움 가보Naum Gabo, 1890~1977라는 조각가입니다. 그는 단순하고 간결한 규칙성을 이용하여 아름다운 조각 작품들을 창조해냈습니다. 보통 스테인리스강이나 투명한 플라스틱을 재료로 사용하여 얇은 가닥의 줄을 뽑아내고, 이 줄을 팽팽하게

나움 가보의 작품들 – (좌)〈비틀림, 변형Torison, Variation〉, 1974~1975년경 (우)〈첫 번째 공간 속 선형 구조물(변형)Linear construction in space No. 1(Variation)〉, 1943년

연결하여 수들의 관계 규칙을 기하학적으로 구현한 것입니다. 그의 작품들에서 볼 수 있는 패턴의 도형을 '나움 가보 곡선'이라고 부르기도 합니다.

 이와 같이 패턴을 인식하여 찾아보고, 패턴을 만들어보는 활동은 수학적 사고를 풍부하게 하고, 융통성과 독창성을 바탕으로 사고를 확장하는 데 도움을 줍니다. 현상이나 주어진 대상을 관찰하여 일련의 규칙을 발견하고, 이를 패턴으로 구성해보는 활동을 통해서 수학을 내 것으로 만들 수 있으며, 생활 속에 숨겨진 수학의 의미를 발견할 수 있습니다.

 또 패턴을 인식하고 만들어보는 활동은 수와 연산, 함수뿐 아니라 도형 등 여러 영역에서 적용해볼 수 있습니다.

한 발짝 더
수학적인 패턴

수학은 자연 현상에서뿐 아니라, 골드바흐나 가우스 같은 수학자들처럼 수학 그 자체에서도 패턴을 찾아냅니다. 이런 수학적인 패턴을 찾으면 수학이 한결 쉬워져요. 왜냐하면 하나의 패턴은 하나의 공식이 되어 비슷한 많은 문제를 명쾌하게 해결하기 때문입니다. 처음부터 절대 불변의 진리로 붙박아진 것처럼 보이는 수학 공식들은 사실 많은 사례의 공통적 특징, 즉 패턴을 간단하게 정리해놓은 것에 불과합니다. 그렇다는 것은 여러분이 관찰을 통해서 직접 수학 공식을 찾아낼 수도 있다는 것이겠지요. 다음 몇 개의 다항식들의 곱을 전개해서 관찰해봅시다.

$$(x+3)(x+2) = x^2 + (2+3)x + (3 \times 2) = x^2 + 5x + 6$$
$$(x-1)(x+4) = x^2 + (4-1)x + (-1 \times 4) = x^2 + 3x - 4$$
$$(x-5)(x-2) = x^2 + (-2-5)x + (-5 \times -2) = x^2 - 7x + 10$$

이때 전개식의 결과를 원래 식과 비교해보면 x의 계수는 두 다항식의 상수의 합이고, 상수항은 두 다항식의 상수의 곱임을 알 수 있습니다. 이런 패턴을 일반적으로 정리해보면 다음과 같습니다.

$$(x+a)(x+b) = x^2 + (a+b)x + (a \times b)$$

수학 교과서에 나오는 수많은 공식과 정리가 이러한 특징과 패턴을 정리한 결과라는 사실을 이해한다면 수학 공부가 그렇게 어렵지만은 않을 것입니다.

　한편, 패턴 탐구는 수학의 많은 아이디어를 연결하는 데 도움을 주며, 수학을 다양하게 사용할 수 있는 방법을 제공하기 때문에 수학 실력을 발달시키는 데 도움을 줍니다. 패턴의 이해를 통해 논리적으로 생각하게 되고, 패턴 찾기를 통해 규칙의 변화 경향을 추론할 수 있게 되지요. 따라서 패턴 탐구를 통해 다양한 문제 해결 전략을 습득할 수 있고, 이를 다른 수학 내용을 공부하는 데 활용할 수 있습니다. 자연 현상과 사회 현상을 이해하는 데에도 활용할 수 있을 것입니다.

삶은 수학
패턴을 인식하는 마음가짐, 수용하기

　패턴을 찾기 위해서 우선 대상을 관찰하여 공통점과 차이점을 발견하고, 반복되는 단위를 알아내야 합니다. 어떤 대상이 되었든지 간에 관찰할 때 가져야 할 마음가짐은 '수용하기'입니다. 수용受容의 사전적 의미는 '어떠한 것을 받아들임'입니다. 상담이나 심리학에서 말하는 수용이란 나와는 다른 생각, 다른 감정, 다른 행동을 하는 타인을 있는 그대로 받아들이는 것 그리고 스스로도 자신의 모습 있는 그대로를 인정하고 존중하는 태도입니다. 패턴을 만들 때도 이와 비슷하게 열린 마음으로 대상들을 있는 그대로 받아들이는 태도를 가지는 것이 필요합니다.

패턴을 찾는 과정에서 수용하는 태도를 가지지 못한다면 대상을 있는 그대로 받아들이지 못하게 되고, 그렇게 되면 대상이 가지고 있는 패턴을 발견하거나 그것을 바탕으로 패턴을 만드는 과정이 어려워지게 될 것입니다.

피보나치수열은 '0, 1, 1, 2, 3, 5, 8, 13, 21, …'과 같이 앞의 두 항을 더한 값이 다음 항이 되는 수열을 말합니다. 이를 수학적으로 표시하면 수열의 n항을 F_n이라고 할 때 피보나치수열은 $F_0=0$, $F_1=1$이고, $F_{n-2}+F_{n-1}=F_n(n≥2)$을 만족하는 수열입니다. 황금비와도 연관 있는 피보나치수열은 신호 이론, 의학, 물리학, 통계학에 쓰이는 것은 물론 숫자와 상관없어 보이는 예술 분야에서도 응용되고 있습니다. 또한 자연에서도 피보나치수열을 많이 관찰할 수 있습니다. 단풍뿐만 아니라 식물 줄기의 수, 가지 밑동에서 차례로 나는 잎의 수, 소라나 고둥의 나선 모양 등에서도 볼 수 있습니다.

만약 솔방울이나 해바라기 씨를 관찰할 때 이것이 수학의 대상이 아니라고 생각하거나,

상당히 규칙적으로 보이는 해바라기 씨의 배열은 시계 방향 혹은 반시계 방향의 나선을 그리는데, 예컨대 시계 방향으로 21열이면 반시계 방향으로 34열이 되고, 또는 한쪽이 34열이면 다른 쪽은 55열이 되는 식으로 피보나치수열의 두 수가 된다.

이것들은 식물이니까 수학과 전혀 관련이 없다는 생각을 가지고 있다면, 규칙적인 배열 속에 숨어 있는 피보나치수열의 원리를 발견할 수 없을 것입니다. 이처럼 무언가를 발견하고 변화를 이끌어내기 위해서는 우선 있는 그대로의 받아들임, 수용하는 마음이 필요하다는 사실을 잊지 마세요.

스스로 해봐요

❶ 문제에 제시된 숫자들의 나열에서 패턴을 찾아 빈칸의 수를 알아맞히고 어떤 패턴인지 설명해봅시다.

문제	설명
4, 6, 2, 6, 4, 12, 8, ( ), 16, 48, …	

❷ 아래에 나열된 그림들을 보고 패턴을 찾아 마지막에 올 그림을 그려봅시다.

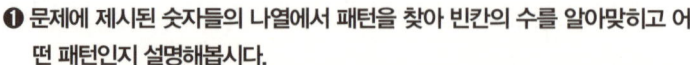

❸ 다음 수의 연산을 보고 패턴을 찾아 설명해봅시다.

〈9의 배수〉
9×1=9
9×2=18
9×3=27
9×4=36
9×5=45
9×6=54
9×7=63
9×8=72
9×9=81
9×10=90

〈9의 배수 각 자릿수의 합〉
1+8=9
2+7=9
3+6=9
4+5=9
5+4=9
6+3=9
7+2=9
8+1=9
9+0=9

❹ 다음 표를 보고 다양한 패턴을 찾아 설명해봅시다.

x	0	1	2	3	5	7
y	1	3	5	7	11	15

❺ 다음 나움 가보 곡선을 보고, 패턴을 찾아 설명해봅시다.

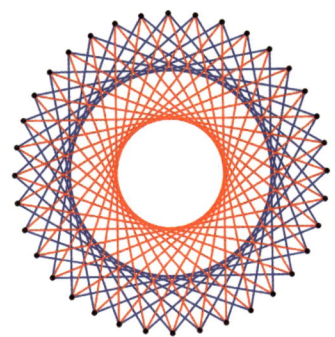

❻ 아래 왼쪽 그림은 원 위에 일정한 간격으로 점을 찍은 것이고, 오른쪽 그림은 육각형과 그 대각선 중 일부에 일정한 간격으로 점을 찍은 것입니다. 주어진 도형 위의 점을 일정한 패턴으로 연결하여 나움 가보 곡선을 만들어 봅시다.

 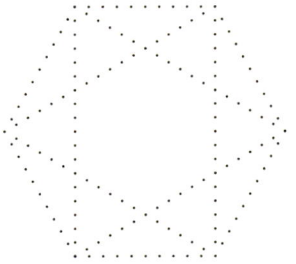

9장

수학 관계를 네트워킹하라

어떤 관계가 있는 걸까?

이 세상에는 수많은 관계가 존재합니다. 아마도 학교에서 가장 많이 볼 수 있는 관계는 친구 관계일 것입니다. 친구 관계가 원만해야 학교생활이 즐거운 것처럼 수학에서도 개념들 사이의 관계를 잘 알면 수학에 대한 흥미가 더 많아지고 수학 세계를 더 탐구해보고 싶어집니다. 친구 관계가 다양하듯이 수학에서도 개념들 사이의 관계가 다양합니다.

수학의 다양한 관계 중 가장 간단한 포함 관계부터 이야기를 시

수학 교과서	9장에 사용된 개념
중학교 1학년	유리수, 좌표평면
중학교 2학년	일차함수, 미지수가 2개인 일차방정식, 연립방정식
중학교 3학년	이차방정식, 이차함수, 인수분해
고등학교	이차방정식과 이차함수의 관계, 고차방정식

작해보겠습니다. 수학에는 다양한 개념들이 존재하지만, 그 개념들 중 어떤 것이 가장 기본이 되는지, 또 그 개념들 사이에 무엇이 가장 큰 개념인지 궁금할 때가 있지요. 그럴 때 포함 관계를 생각해볼 수 있습니다.

러시아 전통 목각 인형인 마트료시카 인형을 본 적이 있나요? 마트료시카는 속이 비어 있는 여러 크기의 인형들로 구성되어 있어요. 가장 작은 인형을 그 다음으로 작은 인형 안에 넣고, 또 그 다음 작은 인형 안에 넣는 식으로 반복하면 가장 큰 인형 안에 모두 쏙 들어가게 되지요. 적게는 다섯 겹에서 많게는 수십 겹의 인형들

이 들어 있다고 해요. 러시아에서는 결혼하는 딸에게 엄마가 마트료시카 인형을 선물하는 풍습이 있다고 합니다. 마트료시카 인형이 가족의 행복과 다산을 상징하기 때문입니다. 수학에서 이 마트료시카 인형처럼 포함 관계가 성립하는 개념들에는 무엇이 있을까요?

자연수, 정수, 유리수, 실수의 수 집합들을 생각해봅시다. 1, 2, 3,

4, …와 같은 자연수가 가장 작은 마트료시카 인형이라고 하면, 이 인형이 쏙 들어가는 그 다음으로 큰 인형은 정수겠지요? 정수는 자연수와 음의 정수 그리고 0으로 구성된 수 집합이니까요. 그리고 그 다음으로 큰 인형에 해당하는 수 집합은 정수와 정수가 아닌 유리수를 합한 유리수가 되고, 그 다음으로 큰 인형에 해당하는 수 집합은 유리수를 포함하는 실수가 됩니다.

이러한 수 집합들의 관계는 마치 마트료시카 인형처럼 상위 범위의 수 집합 안에 하위 범위의 수 집합들이 쏙쏙 들어가는 것을 볼 수 있어요. 수학에서는 이러한 포함 관계를 벤 다이어그램을 이용해서 나타내지요.

이제 수 체계를 나타낸 벤 다이어그램을 보면 마트료시카 인형이 떠오를 것 같지 않나요? 수 체계가 마치 귀여운 마트료시카 인형처럼 이전보다 훨씬 가깝게 느껴질 것입니다.

수학 개념들 사이의 관계 구축하기

앞에서 살펴본 포함 관계 이외에 수학에는 어떤 관계들이 있는지 좀 더 살펴봅시다. 이번에는 수학의 개념과 개념 사이의 연결에 대해 알아보겠습니다. 이러한 관계는 다음의 절차를 통해 파악할 수 있습니다.

개념 탐구 ⇨ 관계 추측 ⇨ 정당화

방정식과 함수를 맺어주는 그래프

1단계. 개념 탐구하기 : 방정식과 함수의 관계

수학에서 '관계'라는 말이 들어간 수학 용어를 떠올려봅시다. 두 변수의 관계를 나타낸 등식, '관계식'이 바로 그것이지요. 예를 들어, x와 y의 관계식 $x+y=2$에 대해 생각해봅시다.

x의 값이 2이면 y의 값은 반드시 0이어야 하고, x의 값이 1이면 y의 값은 반드시 1이어야 합니다. 이처럼 x의 값과 y의 값을 더해서 2가 되는 수로 짝을 이루어 결정되기 때문에 서로 떼려야 뗄 수 없는 관계를 가지고 있어 '관계식'이라 합니다. 이때 $x+y=2$를 만족하는 x와 y의 값을 구하는 것에 관심을 두면 이 관계식은 미지수 x, y를 구하는 방정식이 됩니다. 이 방정식을 만족하는 x, y의 값을 구하여 일부분을 표로 나타내면 표9-1과 같고, 이것을 다시 그래프로 나타내면 다음 페이지의 그래프가 됩니다.

표9-1. 방정식 $x+y=2$를 만족하는 x와 y의 값

x	-3	-2	-1	0	1	2	3	4
y	5	4	3	2	1	0	-1	-2

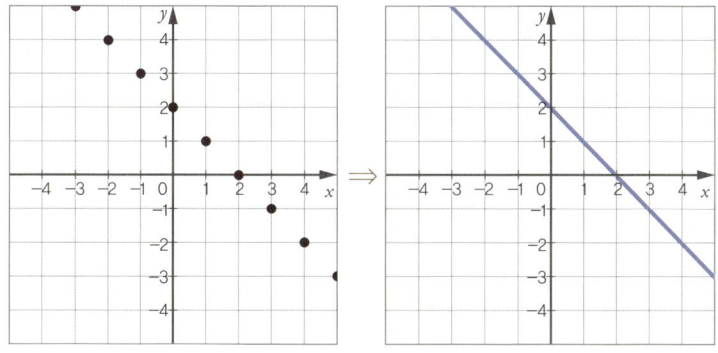

방정식 $x+y=2$를 만족하는 x와 y의 값들을 그래프 위에 무수히 많은
점을 찍어 연결하면 하나의 직선이 만들어진다.

방정식 $x+y=2$를 만족하는 x, y의 값을 자연수뿐 아니라 실수 범위에서 모두 찾아내 그래프 위에 표시하면 위의 그래프와 같이 하나의 직선이 만들어집니다. 그래서 이 방정식을 '직선의 방정식'이라고도 부릅니다.

2단계. 관계 추측하기 : 방정식과 함수, 그래프에서 만나다

한편, $y=-x+2$라는 일차식을 생각해봅시다. 이 식은 x의 값에 따라서 y의 값이 정해지는 함수 관계가 성립하므로, x의 일차함수라고 할 수 있습니다. 이 함수의 그래프는 다음 페이지의 그래프와 같습니다. 그런데 이 그래프를 잘 관찰해보면, 앞에서 봤던 직선의 방정식의 해의 그래프와 똑같다는 것을 알 수 있습니다.

즉, 방정식 $x+y=2$와 함수 $y=-x+2$의 관계는 동일한 직선의 그래프를 가지는 것으로 설명할 수 있습니다. 이렇게 방정식과 함수는 겉으로 보기에는 서로 달라 보이지만, 그 속을 들여다보면 결국 본질은 다르지 않다는 것을 알 수 있습니다.

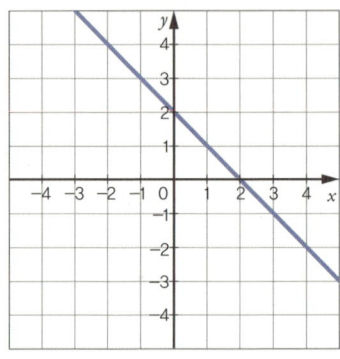

일차함수 $y=-x+2$의 그래프

3단계. 정당화하기 : 떼려야 뗄 수 없는 방정식과 함수

언뜻 보기에 방정식과 함수 사이에는 특별한 관계가 없을 것 같습니다. 그러나 앞의 경우에서 봤듯이 방정식 $x+y=2$의 해를 그래프로 나타냈을 때 왼쪽 위에서 오른쪽 아래로 향하는 직선으로 나타나고, 이 직선을 그래프로 갖는 함수를 찾아보면, 함수 $y=-x+2$가 됩니다.

결국 이 방정식과 이 함수는 겉으로 볼 때에는 서로 다른 것처럼 보이지만, 좌표평면 위에 그래프로 나타내보면 둘 다 동일한 직선으로 나타납니다. 그리고 이러한 관계는 방정식 $x+y=2$에서 x를 우변으로 이항하면 함수 $y=-x+2$가 된다는 점에서 더 설득력 있게 들립니다. 함수와 방정식은 각 용어와 개념들이 서로 다른 것이 아니라, 공통 요소를 가지고선 서로 단단히 연결되어 있는 개념이라는 것을 알 수 있습니다.

이러한 방정식과 함수의 관계를 이용하면 연립방정식을 시각적으로 간단하게 풀어낼 수도 있습니다. 예를 들어, 두 일차방정식 $x+y=2$, $2x-y=1$을 동시에 만족하는 x, y의 값을 구하는 연립일차방정식은 등식의 성질을 이용하여 등호의 좌변과 우변을 더하거나 빼는 방법으로 간단하게 해를 구할 수 있습니다.

$$\begin{array}{r} x+y=2 \\ +)\ 2x-y=1 \\ \hline 3x\ \ \ \ \ =3 \end{array}$$

위의 연립일차방정식의 x의 값은 1이라는 것을 쉽게 구할 수 있을 것입니다. 그리고 두 일차방정식 가운데 한 방정식의 x에 1을 대입하면 y의 값 역시 1임을 손쉽게 구할 수 있습니다. 그런데 이 두 일차방정식을 각각 일차함수 $y=-x+2$와 $y=2x-1$로 변환하여 생각할 수 있습니다. 각각의 그래프를 좌표평면에 그려보면 서로 한 점에서 만나는 두 개의 직선이 됨을 발견할 수 있습니다.

두 함수의 그래프, 즉 두 직선이 만나는 점의 좌표는 (1, 1)이라는 것을 다음 페이지의 그래프를 보면 금방 알 수 있습니다. 두 직선

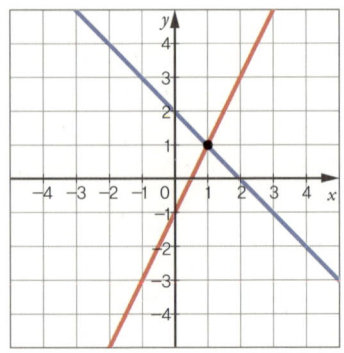

일차함수 $y=-x+2$의 그래프(파란색)와 일차함수 $y=2x-1$의 그래프(빨간색)

의 교점은 연립일차방정식에서 무엇을 뜻할까요? (1, 1)을 두 일차방정식에 대입해보면 1+1=2, 2×1-1=1로 모두 등식이 성립함을 알 수 있습니다.

다시 말해, 교점의 x, y의 좌표가 두 일차방정식의 공통의 해를 뜻하는 것이지요. 어떻습니까? 놀랍지 않나요? 연립일차방정식의 해가 각각의 함수 그래프의 교점이 되고, 또 역으로 두 직선의 교점이 바로 연립일차방정식의 해가 된다는 사실이 말입니다.

함수 문제를 더 잘 해결하는 친구라면 함수를 이용하여 그 해를 구할 수도 있고, 방정식 문제를 더 잘 해결하는 친구라면 방정식을 이용해도 되겠지요. 그렇다면 이차함수와 이차방정식의 관계는 어떨까요?

이차방정식과 이차함수는 이웃사촌

1단계. 개념 탐구하기 : 이차방정식과 이차함수의 관계

　이차방정식은 일반적으로 $ax^2+bx+c=0$(단, $a \neq 0$)의 형태로 나타납니다. 이차함수는 $y=ax^2+bx+c$(단, $a \neq 0$)의 형태로 나타납니다. 두 식을 잘 살펴보면, 식의 형태가 전체적으로 유사하다는 것을 느낄 수 있습니다.

　이차방정식은 판별식 $D=b^2-4ac$의 부호에 따라 실수인 해가 없을 수도, 중근을 가질 수도(해가 한 개일 수도), 서로 다른 두 개의 해를 가질 수도 있습니다. 왜냐하면 이차방정식의 근의 공식은 $x = \dfrac{-b \pm \sqrt{b^2-4ac}}{2a}$인데, 이때 근호 안의 b^2-4ac를 D라 하면, $D>0$일 때에는 서로 다른 두 개의 해를 갖고, $D=0$일 때에는 중근을 갖

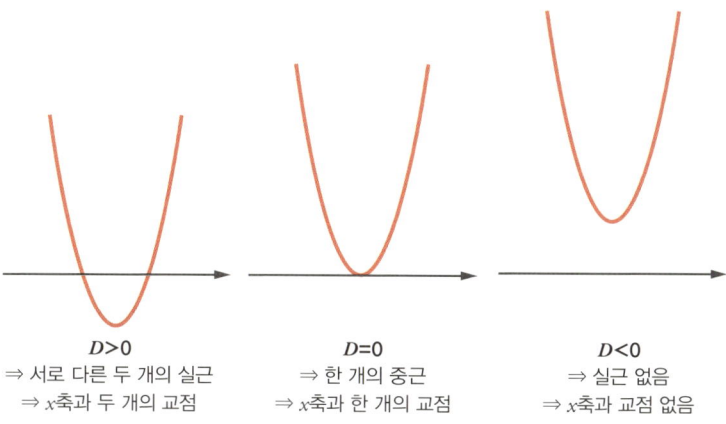

$D>0$
⇒ 서로 다른 두 개의 실근
⇒ x축과 두 개의 교점

$D=0$
⇒ 한 개의 중근
⇒ x축과 한 개의 교점

$D<0$
⇒ 실근 없음
⇒ x축과 교점 없음

이차방정식 근의 개수와 이차함수 그래프의 x축과의 교점 관계(단, $a>0$)

고, $D<0$일 때에는 실수 범위에서 근호 안에 음수가 들어갈 수 없으므로 실수인 해가 없기 때문입니다.

이차함수의 그래프는 포물선 모양으로 그려지는데, 특히 x축과의 교점에 주목해서 생각하면 앞의 그래프와 같이 크게 세 가지 형태로 그려볼 수 있습니다. 즉, x축과의 교점은 두 개이거나, 한 개이거나, 아예 없을 수 있습니다.

2단계. 관계 추측하기 : 이차방정식의 해의 개수를 보여주는 그래프

이차방정식 $ax^2+bx+c=0$과 이차함수 $y=ax^2+bx+c$를 잘 살펴보면, 이차함수 $y=ax^2+bx+c$의 식에 $y=0$을 대입하면 이차방정식 $ax^2+bx+c=0$과 같아진다는 사실을 알 수 있습니다. 즉, 이차방정식을 해결하여 x의 값을 구하는 일은 곧 이차함수 $y=ax^2+bx+c$를 만족하는 순서쌍 (x, y) 중 $y=0$일 때의 x 좌표를 구하는 것과 같은 일입니다. 이것은 이차함수 그래프에서 x축과의 교점에 해당하는 x 좌표를 구하는 일로도 볼 수 있습니다.

3단계. 정당화하기 : 이차방정식=이차함수

이제 이차함수의 그래프와 x축과의 교점의 개수를 구하는 것은 곧 이차방정식의 해의 개수를 구하는 것임을 알았습니다. 즉, 이차방정식의 근의 판별식으로 쓰이는 $D=b^2-4ac$를 이차방정식과 이차함수 사이의 관계를 통해 이차함수에도 바로 적용하여 x축과의 교점의 개수를 결정할 수 있는 것입니다.

조금 더 나아가서, $y=0$을 하나의 함수로 생각할 수 있을 것입니다. x의 값에 상관없이 항상 일정한 y의 값을 가지는 상수함수인 것이지요. 그러므로 이차방정식 $ax^2+bx+c=0$을 푼다는 것은 곧 이차함수 $y=ax^2+bx+c$와 상수함수 $y=0$의 교점을 구한다는 것입니다. 이로부터 두 이차함수 $f(x)$, $g(x)$의 그래프의 교점을 구할 때도 $f(x)$와 $g(x)$를 같다고 놓고 이차방정식 $f(x)-g(x)=0$의 해를 구하는 문제로 생각하면, 두 그래프의 교점의 x 좌표를 쉽게 구할 수 있습니다.

예를 들어, 이차방정식 $x^2+2x+2=0$의 근의 개수를 판별식을 사용하지 않고 예측해봅시다. 이 식은 $x^2+2=-2x$로 바꾸어 쓸 수 있는데, 이때 좌변과 우변을 각각 이차함수 $f(x)=x^2+2$와 일차함수 $g(x)=-2x$로 분리해서 생각할 수 있습니다. 두 함수를 그래프

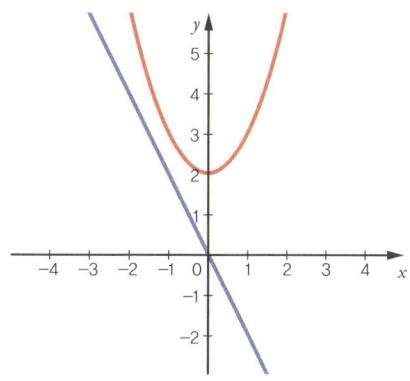

이차함수 $f(x)=x^2+2$와 일차함수 $g(x)=-2x$의 그래프

로 나타내보면 두 그래프 사이의 교점이 없으므로, 이차방정식 $x^2+2x+2=0$은 해가 없다고 이야기할 수 있습니다.

일차방정식과 일차함수를 직선이라는 매개체를 통해 두 개념 사이의 관계를 탐구했던 것처럼, 이차방정식과 이차함수 역시 그래프라는 조금 더 일반화된 매개체를 통해 관계를 탐구해볼 수 있습니다.

도형은 로미오, 방정식은 줄리엣

수학사에서 수의 영역과 도형의 영역을 연결시킨 일은 획기적인 일이었습니다. 초기에 도형을 연구했던 고대 그리스에서는 자와 컴퍼스를 이용하여 작도를 하고 도형의 성질을 증명하는 데 주력했습니다. 그리스인들은 도형 자체만을 연구하는 것이 기하학의 순수함을 지키는 것이라고 생각했지요.

하지만 효율적인 증명 체계를 발명한 그리스인들도 도형이 갖는 의미를 충분히 분석한 것은 아니었습니다. 예를 들어, 그리스 수학에서 원주 상의 모든 점이 중심으로부터 같은 거리에 놓여 있다는 원의 본질적 속성을 잘 알고 있더라도 이 속성을 수학의 언어로 표현하지는 못했습니다. 따라서 도형은 그 자체로서만 의미를 지닐 수 있었습니다. 오랜 세월 동안 수의 영역과 도형의 영역은 따로 발전해왔습니다.

1단계. 개념 탐구하기 : 수와 도형의 만남

  수와 식을 연구하는 데 도형적 상상력을 활용한 흔적을 수학사에서 발견할 수 있습니다. 고대 그리스에서는 문자를 사용하지 않고 이차방정식을 해결하기 위해 다양한 도형을 사용했습니다.

  이러한 노력은 수학이 발달함에 따라 보다 간편한 문자식을 사용한 방정식의 풀이 방법으로 대체됐지만, 방정식의 풀이에 도형을 사용한다는 아이디어는 이후의 수학자들에게 많은 영향을 미쳤습니다. 특히 이 아이디어는 $x^3+ax+b=0$과 같은 특수한 형태의 삼차방정식을 풀어내는 데에도 사용됐습니다.

2단계. 관계 추측하기 : 유추를 활용한 수와 도형의 연결 시도

  16세기 이탈리아 수학자 카르다노는 삼차방정식의 해를 구하는 방법을 밝히는 과정에서 다음과 같은 설명을 했습니다.

  "이 아이디어는 사실 타르탈리아* 라는 수학자에게 간곡히 요청하여 알아낸 아이디어입니다. 정육면체의 한 변을 두 부분으로 잘라서 생각하면, 두 개의 정육면체와 부피가 같은 세 개의 직육면체로 나누어 생각할 수 있습니다. $x^3=6x+9$의 삼차방정식을 해결하기 위해서 x는 처음에 있었던 정육면체의 한 변의 길이로 생각하고, $6x$는

• **타르탈리아** Tartaglia, 1499~1557 본명은 니콜로 폰타나 Nicolo Fontana이다. 불의의 사고를 당해 말을 더듬게 되면서 이탈리아어로 '말더듬이'라는 뜻의 타르탈리아로 불렸다. 타르탈리아가 삼차방정식의 풀이법을 발견했지만 카르다노는 그를 속이고 삼차방정식의 풀이법을 자신의 이름으로 발표했다.

세 개의 직육면체의 합 그리고 9는 두 개의 정육면체의 합으로 생각한 것이지요."

3단계. 정당화하기 : 도형을 통한 방정식의 풀이

카르다노의 설명을 정리해보면, 삼차방정식 $x^3=6x+9$의 해를 구하기 위해 한 변이 x인 정육면체가 있다고 가정하고선, x를 a와 b로 나누어 두 개의 정육면체(노란색 : a^3, b^3)와 부피가 같은 세 개의 직육면체(무색 : abx, abx, abx)로 나누어 생각한 것입니다. 다시 말해 x는 처음에 있었던 정육면체의 한 변의 길이로 생각하고, $6x$는 세 개의 직육면체(무색)의 부피의 합($3abx$) 그리고 9는 두 개의 정육면체(노란색)의 부피의 합(a^3+b^3)으로 생각한 것이지요. 여기서 $6x$와 9를 다음과 같이 풀어쓸 수 있습니다.

$6x=3\times 2\times x=3(1\times 2)x$
$9=1^3+2^3$

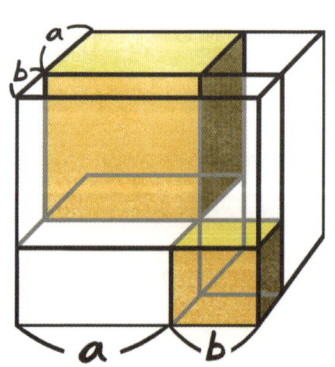

따라서 $a=1$, $b=2$(또는 $a=2$, $b=1$)가 되어 $x=a+b=1+2=3$이 된

다는 것을 알 수 있습니다. $x^3=6x+9$에 $x=3$을 대입해보면, 등식이 성립하는 것을 확인할 수 있습니다.

어떻습니까? 도형의 영역인 정육면체의 부피를 이용하여 수의 영역인 방정식을 푸는 과정에서 뛰어난 상상력을 느낄 수 있었나요? 여기서 도형의 부피를 구하는 식과 방정식 사이의 관계를 꿰뚫어 보는 눈이 중요하다는 것을 깨달았을 것입니다. 이처럼 서로 다른 두 대상의 관계를 탐구할 때는 우선 매의 눈으로 두 구조의 유사성을 찾는 것이 도움이 됩니다.

유사성을 바탕으로 어떤 대상에 대하여 성립하는 성질을 가지고 그와 비슷한 대상의 성질을 추측하는 것을 '유추적 사고'라고 합니다. 이 유추적 사고를 통해 여러 대상의 관계가 어떠한지를 알아내거나 또는 새롭게 유의미한 관계를 만들어낼 수 있으므로, 유추적 사고를 통해 대상의 관계를 탐구하는 것은 창의적인 수학적 사고 활동이 됩니다.

예를 들어, 30을 소인수분해하면 2×3×5로 나타낼 수 있습니다. 2, 3, 5는 1과 자기 자신만을 약수로 갖는 소수이지요. 자연수를 수의 가장 기본이 되는 소수의 곱으로 나타내는 소인수분해와 구조적으로 유사한 연산을 다항식에도 적용해볼 수 있습니다. x^2+3x는 공통 인수인 x로 묶어 $x(x+3)$으로 나타낼 수 있고, x^2+3x+2는 $(x+1)(x+2)$로 인수분해가 가능합니다. 이렇듯 자연수 세계에서 할 수 있는 연산을 다항식 세계에서도 비슷하게 해볼 수 있지 않을까, 하고 생각하고 합리적으로 적용해보는 활동이 바로 유추적 사고 활동입니다.

유사성을 탐구하는 일환으로 ==데카르트가 만들어낸 좌표공간==^{한 발짝 더 226쪽}을 이용하여 수학에서는 n차원을 이미 취급하고 있습니다. 2개의 좌표축으로 이루어진 좌표평면은 2차원이고, 3개의 좌표축으로 이루어진 공간은 3차원이 되는 것이지요. 4차원은 어떻게 만들어질까요? 3차원 도형까지는 우리가 쉽게 떠올리지만, 4차원 도형은 보통 머릿속으로 잘 그려지지 않습니다.

3차원 입체를 2차원 평면에 겨냥도로 표현할 수 있다는 점에 주목하면 4차원 도형도 3차원 공간이나 2차원 평면에 구체적으로 표현하는 것이 충분히 가능하리라 예상할 수 있습니다. 그러한 예가 초입방체의 그림자입니다.

0차원 점을 한 방향으로 끌면 1차원 선분이 되고, 그 선분을 선분의 길이만큼 수직 방향으로 끌면 2차원 정사각형이 됩니다. 이 정사각형을 다시 수직 방향으로 끌면 3차원 정육면체를 만들 수 있습니다. 4차원 초입방체는 이 3차원 정육면체를 같은 길이만큼 수직 방향으로 끌어 만든 도형입니다. 이때 3차원에서 4차원으로 끌어당길 수직 방향을 시각화하기 어렵기 때문에, 완전한 형태의 4차원 초입방체는 상상으로만 가능하지요. 하지만 어떤 형태의 도형일지는 그 3차원 그림자를 통해 짐작할 수 있습니다.

예를 들어, 2차원에 사는 존재에게 3차원 정육면체의 그림자가 보인다고 생각해보세요. 만약 정육면체가 반듯하게 놓여 있다면, 그 그림자는 정사각형으로 보일 것입니다. 하지만 정육면체를 각도를 비틀면서 이리저리 돌리면, 그 그림자는 선분과 선분이 어지럽게 교차하는 다양한 모습으로 나타날 것입니다. 이러한 현상은 2차원에 사는 존재에게 다소 당황스러울 것입니다(여러분 주변의 평면, 예를 들어 벽과 벽이 서로 어지럽게 교차한다고 생각해보세요. 그런 느낌일 것입니다).

자, 이제 3차원에 사는 우리에게 4차원 초입방체의 그림자가 보인다고 생각해봅시다. 초입방체가 반듯하게 놓여 있다면 그것은 두 개의 정육면체가 겹쳐진 모습일 것입니다. 이제 초입방체를 각도를 비틀면서 이리저리 돌리면, 그 그림자는 두 개의 정육면체 면들이 서로 자유롭게 엇갈리며 다양한 모습으로 나타날 것입니다. 이런 의미에서 3차원에 나타낸 초입방체를 4차원의 그림자로 생각할 수 있습니다.

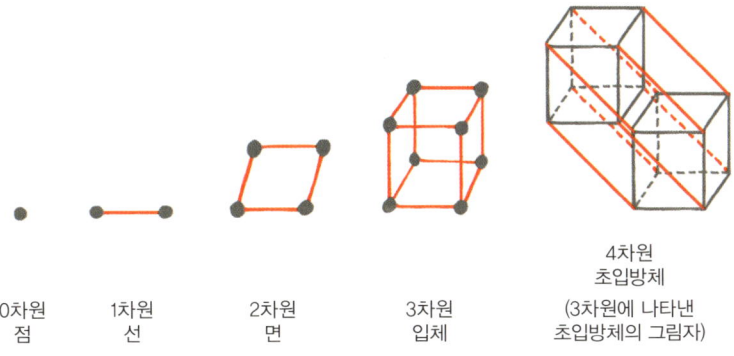

0차원 점 | 1차원 선 | 2차원 면 | 3차원 입체 | 4차원 초입방체 (3차원에 나타낸 초입방체의 그림자)

**한 발짝 더
데카르트가 만들어낸
좌표공간**

수학의 역사에서 도형의 점이 갖는 의미를 분석하고 도형을 문자식으로 표현함으로써 수학의 발전 방향을 바꾼 사람은 17세기 프랑스 철학자이자 수학자인 데카르트입니다. 근대 과학의 성립을 사상적으로 뒷받침한 그는 "생각한다. 고로 존재한다"라는 말로 우리에게 더욱더 잘 알려진 학자입니다. 어려서부터 몸이 허약했던 데카르트는 학창 시절, 늦게까지 침대에 누워 명상을 하며 아침을 맞이하곤 했는데, 이때의 명상이 자신의 철학과 수학의 참다운 원천이었다고 합니다.

데카르트가 발명한 좌표는 수학의 거대한 두 줄기, 대수학과 기하학을 통합적으로 발전시키는 계기가 됐습니다. 이 아이디어의 핵심은 평면과 공간에서 점의 위치를 수로 나타내는 것입니다. 우선 임의의 점을 기준점으로 잡고, 이 점을 통과하는 두 개의 직교하는 직선을 각각 x축과 y축으로 하여 좌표평면을 만듭니다. 그러면 이 좌표평면 위에 두 수의 순서쌍 (x, y)의 형태로 모든 점의 위치를 나타낼 수 있습니다. 이것은 마치 영화관에서 좌석의 위치를 이를테면 'J열 3번째'로 표현하는 것과 같습니다. 이렇게 정의된 좌표평면에서 특정한 방정식을 만족하는 무수히 많은 점의 집합을 특정한 도형으로 나타낼 수 있습니다. 이때 점들의 집합인 방정식은 곧 그 도형의 속성이 됩니다.

이처럼 도형을 구성하는 모든 점이 만족하는 방정식을 발견할 경우, 우리는 그 방정식을 도형의 대수적 표현으로 간주하고 실제 도형 대신에 방정식을 다룸으로써 도형의 문제를 수식의 문제로 전환할 수 있게 됐습니다. 즉, 도형의 문제를 그리스 시대의 작도 대신에 대수식에 기초한 연역적 계산으로 풀 수 있게 된 것입니다. 과거에는 두 선의 교차점을 구하기 위해 기하학적 정리를 이용하여 그 점의 위치를 찾아내는 방법밖에 몰랐지만, 이제는 두 선을 표현하는 두 개의 방정식을 동시에 만족하는 연립방정식의 해를 구하여 바로 그 해가 교차점의 좌표라는 것을 이해할 수 있게 됐습니다. 전혀 무관한 것처럼 보였던 '두 선이 만나서 이루는 교차점'과 '두 방정식의 공통해'가 데카르트가 도입한 좌표와 좌표평면에 의해 동일한 의미를 가진다는 것을 알게 됐습니다.

데카르트가 만들어낸 좌표는 수의 성질을 연구하는 대수학과 도형의 성질을 연구하는 기하학을 하나로 연결하는 지점이 되어 해석기하학을 탄생시켰습니다. 기하학에 좌표를 도입한 해석기하학은 근대 이후 수학의 여러 분야에 혁명적인 발달을 가져왔습니다. 이러한 데카르트의 업적을 기려 평면 위의 점의 위치를 순서쌍의 형태로써 좌표로 표현하는 것을 그의 이름을 따서 카르티시안 좌표 cartesian coordinate라고 합니다.

데카르트 좌표(카르티시안 좌표)는 현재 우리 일상에서도 반드시 필요한 일부가 되어 널리 사용되고 있습니다. 건축, 기계 설계 등에 필수적인 컴퓨터 그래픽 프로그램이나 수많은 차에 장착되어 있는 위성 위치 확인 시스템GPS 등이 좌표를 응용하고 있는 대표적인 예입니다. 이 모든 것이 바로 전혀 다른 두 개의 사건을 동일한 것으로 보는 능력의 결과입니다.

삶은 수학
관계에서 조화로

지금까지 수학의 개념들은 각기 홀로 떨어져 존재하는 것이 아니라 어느 때에는 개념이 확장됐다가, 어느 때에는 서로 간의 공통적인 요소가 있어 서로의 모습을 바꿀 수도 있음을 알아봤습니다. 한 가지 개념을 이해하는 데 있어 연관성이 있는 다른 개념을 사용하면 더욱 깊은 이해를 할 수 있습니다. 마치 수학의 개념들이 서로 도움을 주며 자신들을 돋보이게 하는 것처럼 느껴지지요.

음악에서도 이러한 느낌을 받을 수 있습니다. 아무리 아름다운 멜로디도 아무런 맥락 없이 뜬금없이 들릴 때, 우리는 그 멜로디의 아름다움을 충분히 느낄 수 없습니다. 하지만 감정을 서서히 고조시켜주는 다른 부분이 있고, 그 멜로디로 인해 고양된 감정을 오랫동안 느낄 수 있게 해주는 또 다른 부분이 있다면, 그 멜로디의 아름다움은 더욱 오랫동안 마음에 남습니다. 이렇게 볼 때 음악의 멜로디들은 서로 의지하며 각자를 돋보이게 하고 있습니다.

공동체를 이루며 살아가는 사람들의 모습도 이와 같습니다. 사회라는 울타리 안에서 사람들은 모두 각자의 몫을 해나가며, 한편으로는 다른 사람에게 의지하며 살아갑니다. 이렇게 볼 때, 우리 사회의 모든 구성원은 소중하고, 각자 존중받아야 마땅하며, 누구도 불행해지지 않도록 조화롭게 살아가야 할 것입니다. 우리의 삶이 누군가의 노력에 의해 지탱되고 있다는 사실에 감사하며 살아가기를 바랍니다.

스스로 해봐요

❶ 다음 그림은 수직선에서의 한 점, 좌표평면에서의 한 점, 공간에서의 한 점을 나타낸 것입니다. 예를 들어, 수직선에서의 한 점은 A(2)로, 좌표평면에서의 한 점은 A(2, 3)으로 나타낼 수 있습니다. 그렇다면 공간에서의 한 점은 어떻게 나타낼 수 있을까요? 수직선과 좌표평면에서의 점의 위치를 나타내는 방식으로부터 유추해봅시다.

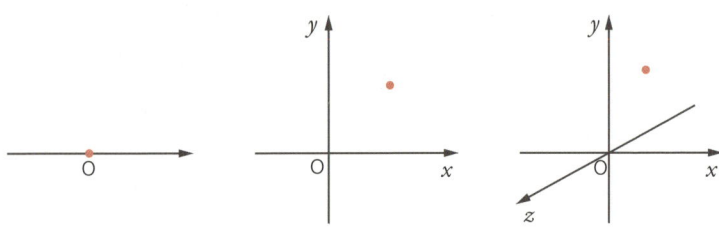

❷ 이차방정식 $x^2-4x+3=0$의 해를 구해보고, 함수 $f(x)=x^2-4x+3$의 그래프가 x축과 만나는 점과 비교해봅시다.

❸ 2차원에서의 피타고라스 정리를 이용하여 3차원에서 가로, 세로, 높이의 길이가 각각 a, b, c인 직육면체의 대각선의 길이를 구해봅시다.

10장

수학의 원리를 찾아서

원리를 알면 수학이 보인다

3행 5열의 정사각형 격자가 있는 직사각형을 그려봅시다. 그리고 직사각형의 두 꼭짓점을 잇는 대각선을 그렸을 때, 이 대각선은 몇 개의 정사각형과 만나게 될까요?

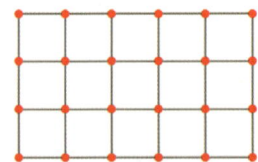

수학 교과서	10장에 사용된 개념
중학교 1학년	최대공약수, 최소공배수
중학교 3학년	피타고라스 정리, 삼각비
고등학교	복소수, 지수, 로그

앞의 직사각형에 대각선을 그려보면 이 대각선이 만나는 정사각형의 개수가 모두 7개임을 알 수 있습니다.

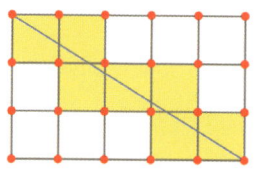

그렇다면 4행 6열의 정사각형 격자가 있는 직사각형을 그렸을 때, 직사각형의 대각선과 만나는 정사각형은 모두 몇 개일까요? 이번에도 그림을 그려서 정사각형의 개수를 세어야 할까요?

앞에서와 같이 직사각형을 그리고 대각선을 그린 다음 대각선과 만나는 정사각형의 개수를 셀 수도 있습니다. 하지만 이러한 방법으로는 이 문제를 적절히 해결했다고 볼 수 없습니다. 이 문제를 제대로 해결하려면 정사각형의 개수를 세는 원리를 찾아야 합니다. 이때 그 원리는 하나의 법칙이 되기도 하지요.

수학에는 기본적인 정의가 있고 이들과 관련된 원리, 법칙이 잘 정리되어 있습니다. 때로는 많은 내용이 이미 잘 만들어진 견고한 성과 같아서 비집고 들어가기 힘들어 보이기도 합니다.

그렇다면 수학에서 원리, 법칙이라는 것은 무엇일까요? 원리의 사전적인 의미는 법칙 가운데서도 가장 근본적인 것을 의미합니다. 흔히 법칙·원칙과 거의 비슷한 뜻으로 쓰이지만, 원래는 모든 것의 근원이라는 의미를 가지고 있습니다. 원리는 진리의 근원이 되는 것을 뜻하지만 진리를 발견하는 수단으로써 잠정적으로 설정한 가설과 같은 원리도 있습니다. 이러한 것을 '발견적 원리'라고 합니다.

수학의 원리란 둘 또는 그 이상의 수학 개념이 서로 연결되어 있는 관계를 말하며 흔히 법칙·원칙과 비슷한 뜻으로 사용됩니다. 예를 들어, '분모가 같은 분수의 덧셈은 분자끼리 더한다', '직사각형의 넓이는 (가로)×(세로)이다' 등과 같은 수학 공식이나 '삼각형의 내각의 합은 180°이다', '두 삼각형에서 대응하는 두 변과 그 사이의 각이 같으면 두 삼각형은 합동이다'와 같은 성질 등이 수학의 원리에 포함된다고 할 수 있습니다.

　국어에서 글쓰기 능력을 기르기 위해서는 짧은 글짓기를 잘해야 하고 짧은 글짓기를 잘하기 위해서는 단어에 대해 잘 알아야 하듯이 수학을 통한 창의적인 문제 해결력을 기르기 위해서는 수학의 원리·법칙에 대한 이해가 문제 해결의 필수적인 요소인 동시에 자원이 된다고 할 수 있습니다.

수학의 원리 깊게 탐구하기

수학에서 공식이나 성질을 이용하는 것은 문제를 쉽고 편리하게 해결할 수 있는 하나의 방법이기는 하지만, 공식이나 성질을 알고 있다고 해서 모든 문제를 쉽게 해결할 수 있는 것은 아닙니다. 수학의 원리를 탐구할 수 있는 방법을 같이 알아볼까요?

그림에서 원리 발견하기

앞에서 제시된 문제, 직사각형의 대각선과 만나는 정사각형의 개수 세기의 답을 알아내기 위해 규칙을 찾아볼까요?

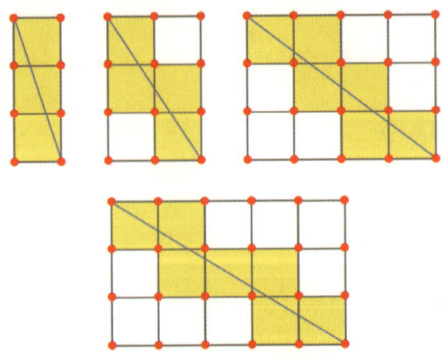

3행 1열의 직사각형에서 대각선은 3개의 정사각형과 만나고, 3행 2열의 직사각형에서 대각선은 4개의 정사각형과 만납니다. 3행 4열의 직사각형에서 대각선은 6개의 정사각형과 만나고, 3행 5열의 직

사각형에서 대각선은 7개의 정사각형과 만납니다. 여기까지 우리가 알 수 있는 규칙은 직사각형의 대각선과 만나는 정사각형의 개수가 행의 수와 열의 수를 더한 값보다 1이 적다는 것입니다. 그런데 모든 직사각형에서 이러한 규칙이 성립할까요?

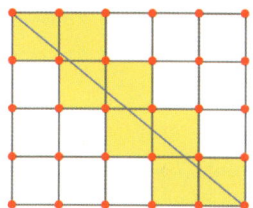

위의 그림은 4행 5열의 직사각형의 대각선이 8개의 정사각형과 만나는 것을 보여주므로 직사각형의 대각선과 만나는 정사각형의 개수는 행의 수와 열의 수를 더한 후 1을 **빼면** 된다는 규칙이 여전히 성립합니다. 그러나 3행 3열에서는 어떻게 될까요?

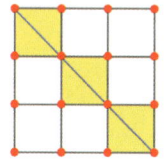

대각선이 3개의 정사각형에서만 만나고 있어서 다른 규칙을 생각할 필요가 있습니다. 3행 3열과 같은 정사각형은 대각선이 내부의 격자점들과 만나므로 이 경우에는 앞에서 알아낸 규칙이 들어맞지 않습니다. 다시 대각선이 내부의 격자점들과 만나지 않는 경우를 생각해봅시다.

　아래 그림에서 대각선이 지나가는 위치를 잘 보면 양 끝점을 제외하고 격자점을 지나지 않는 것을 볼 수 있습니다. 그림 1은 대각선과 만나는 직사각형 내부의 각 행을, 그림 2는 대각선과 만나는 직사각형 내부의 각 열을 빨간색 선으로 표시하고, 이러한 행과 열을 포함하는 정사각형을 서로 겹치지 않게 노란색으로 칠했습니다.

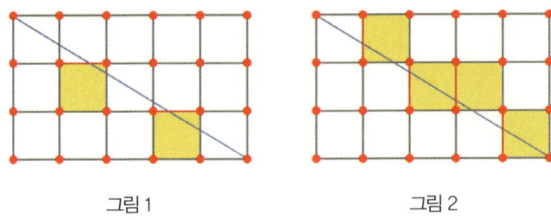

그림 1　　　　　　　　그림 2

　그림 1에서 색칠된 정사각형의 개수는 행의 수보다 하나 적은 값이고, 그림 2에서 색칠된 정사각형의 개수 역시 열의 수보다 하나 적은 값입니다. 또한 그림 1과 그림 2에서 색칠되지 않았으나 항상 대각선이 지나가는 정사각형은 1행 1열에 있는 정사각형이므로 대각선이 지나는 정사각형의 개수는 다음과 같음을 알 수 있습니다.

$$정사각형의\ 개수 = (행의\ 수-1)+(열의\ 수-1)+1$$
$$= 행의\ 수+열의\ 수-1$$

　이 공식은 행의 수와 열의 수가 서로소인 경우에 성립합니다. 행의 수와 열의 수가 서로소가 아닌 경우에는 다음 그림과 같이 대각선이 내부의 격자점들을 만나게 되어 이 공식은 성립하지 않습니다.

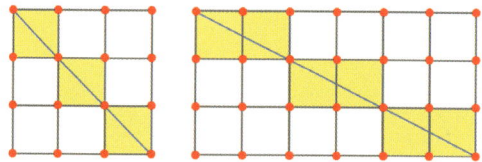

3행 3열인 경우에는 대각선이 3개의 정사각형과 만나고, 3행 6열인 경우에는 대각선이 6개의 정사각형과 만납니다. 이처럼 행의 수와 열의 수가 서로소이든, 서로소가 아니든 상관없이 모든 경우에 대하여 행의 수를 M, 열의 수를 N, 두 수 M과 N의 최대공약수를 gcd greatest common divisor라고 쓰면 다음과 같이 일반화된 공식을 이끌어낼 수 있습니다.

$$\text{정사각형의 개수} = \gcd \times \left\{ \left(\frac{M}{\gcd} - 1 \right) + \left(\frac{N}{\gcd} - 1 \right) + 1 \right\}$$

이 식을 좀 더 간단히 표현하면 다음과 같습니다.

$$\text{정사각형의 개수} = M + N - \gcd$$

대각선과 만나는 정사각형의 개수에 최대공약수라는 성질이 숨어 있다는 것은 그 원리를 찾아보기 전에는 나타나지 않는 사실입니다. 이와 같이 원리를 탐구할 때, 각각의 그림을 분석하는 것은 중요한 방법 중 하나입니다. 원리를 탐구하는 또 다른 방법을 알아볼까요?

공통된 속성으로 프랙털 차원 탐구하기

우리가 살고 있는 공간은 수학적으로 3차원입니다. 수학에서 직선은 1차원, 평면도형은 2차원, 입체도형은 3차원이라고 하는데, 다음과 같은 그림들은 몇 차원이라고 할 수 있을까요?

위의 왼쪽 그림은 시에르핀스키 삼각형Sierpiński triangle이라고 부르는 도형이고, 위의 오른쪽 그림은 멩거 스펀지Menger sponge라고 부르는 도형입니다.

먼저 시에르핀스키 삼각형을 만드는 방법은 다음과 같습니다. 정삼각형을 합동인 네 개의 삼각형으로 나눈 후 가운데 삼각형을 제거합니다. 남은 세 개의 삼각형을 각각 합동인 네 개의 삼각형으로 나눈 후 또다시 가운데 삼각형들을 제거합니다. 이러한 과정을 반복하면 제거되는 삼각형들이 점점 많아지는 것을 볼 수 있습니다.

 멩거 스펀지를 만드는 방법도 이와 비슷합니다. 먼저 각 면을 9등분한 후 가운데 있는 입체들을 모두 제거합니다. 남은 정육면체에 이러한 과정을 반복하면 제거되는 입체들이 점점 많아져서 구멍이 많이 뚫린 입체를 만들 수 있게 됩니다. 이 도형들은 몇 차원이라고 할 수 있을까요?

 시에르핀스키 삼각형을 보통의 삼각형으로 보기엔 어려운 점이 있습니다. 어떤 점에서 우리가 일반적으로 삼각형이라고 부르는 도형과 다를까요? 우리가 알고 있는 삼각형은 둘레의 길이와 넓이가 모두 유한하지만, 시에르핀스키 삼각형은 둘레의 길이가 무한하고 넓이가 유한하다는 특별한 성질을 가지고 있습니다. 멩거 스펀지도 시에르핀스키 삼각형과 유사한 성질을 가지고 있습니다. 부피는 유한하고 겉넓이가 무한히 큰 도형입니다. 이렇게 새로운 도형들도 2차원 또는 3차원일까요? 차원이란 무엇일까요?

 차원의 속성을 탐구하기 위해서 직선, 평면도형, 입체도형을 각각 2등분, 3등분해봅시다. 그 결과는 다음 그림과 같습니다.

$2 = 2^1 \quad 3 = 3^1 \quad 4 = 2^2 \quad 9 = 3^2 \quad 8 = 2^3 \quad 27 = 3^3$

2등분의 경우, 길이가 1인 1차원 선분은 길이가 $\frac{1}{2}$인 2개의 선분으로 나누어지고, 한 변의 길이가 1인 2차원 정사각형은 각 변의 길이가 $\frac{1}{2}$인 4개의 정사각형으로 나누어집니다. 한 모서리의 길이가 1인 3차원 정육면체는 각 변의 길이가 $\frac{1}{2}$로 이루어진 정육면체 8개로 분할되고 있습니다. 3등분의 경우를 살펴볼까요? 1차원 선분은 길이가 $\frac{1}{3}$인 3개의 선분으로 나누어지고, 2차원 정사각형은 각 변의 길이가 $\frac{1}{3}$인 9개의 정사각형으로 나누어집니다. 3차원 정육면체는 각 변의 길이가 $\frac{1}{3}$로 이루어진 정육면체 27개로 분할되고 있습니다. 이러한 도형의 분할에서 공통된 속성을 찾아 식을 만들면, n차원은 각 변의 길이가 $\frac{1}{d}$인 도형이 x개 생겼을 때, $d^n = x$가 되는 것으로 생각할 수 있습니다. 이와 같이 차원을 정의하기 위해서는 도형을 분할했을 때 새로운 변의 길이가 처음 주어진 변의 길이의 몇 배인지, 몇 개의 도형이 만들어지는지를 따져보면 차원을 계산할 수 있습니다.

이제 다시 시에르핀스키 삼각형으로 돌아가 봅시다. 하나의 삼각형이 두 번째 그림에서 길이가 $\frac{1}{2}$인 삼각형 3개가 생긴 것을 확인할 수 있습니다.  따라서 $2^n = 3$을 만족하는 n의 값이 바로 시에르핀스키 삼각형의 차원이 됩니다. 이 값은 $n = \log_2 3 ≒ 1.585$로 자연수가 아닙니다.

멩거 스펀지의 차원도 한번 계산해볼까요? 오른쪽 그림의 첫 번째에서 두 번째로 넘어갈 때, 정육면체의 한 변의 길이는 여전히 $\frac{1}{3}$입니다. 그리고 작은 정육면체는 모두 20개로 줄어들었지요.

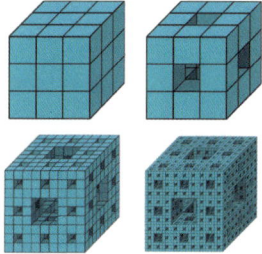

즉, $3^n=20$이 되고, 이 식을 만족하는 n의 값은 $n=\log_3 20 ≒ 2.729$입니다.

여기서 재미있는 사실을 하나 발견할 수 있습니다. 시에르핀스키 삼각형의 차원은 1과 2 사이에 있는 수이고, 멩거 스펀지의 차원은 2와 3 사이에 있는 수가 된다는 것입니다. 이 수가 어떤 의미를 갖는지 살펴보기 위해서 잠시 다른 도형을 생각해보겠습니다.

멩거 스펀지를 평면에 적용시키면 다음과 같은 도형을 만들 수 있습니다.

앞의 그림은 시에르핀스키 카펫Sierpiński carpet이라고 부르는 도형입니다. 멩거 스펀지가 입체를 분할해서 만든 것이라면, 시에르핀스키 카펫은 평면을 분할해서 만든 것인데 삼각형이 아닌 사각형을 분할했다는 점이 시에르핀스키 삼각형과의 차이점이라고 할 수 있습니다. 첫 번째 그림에서 두 번째 그림으로 갈 때, 정사각형의 한 변의 길이는 처음 길이의 $\frac{1}{3}$이고, 도형의 개수는 8개가 되어 $3^n=8$을 만족하는 값을 찾으면 차원을 계산할 수 있습니다. 즉, $n=\log_3 8 ≒ 1.893$이 되어 차원의 값은 1과 2 사이에 있게 됩니다.

시에르핀스키 카펫을 만드는 방법은 멩거 스펀지와 유사한데, 왜 시에르핀스키 삼각형과 시에르핀스키 카펫의 차원의 값은 1과 2 사이에 있고, 멩거 스펀지의 차원의 값은 2와 3 사이에 있는 것일까요? 그것은 시에르핀스키 삼각형과 시에르핀스키 카펫은 각각 2차원인 삼각형과 사각형을 분할해서 만들고, 멩거 스펀지는 3차원인 입체를 분할해서 만들기 때문입니다. 평면을 분할해서 새로운 도형을 만들면 그 도형의 차원의 값은 2보다 작게 되지만 그 도형이 1차원인 선분은 아니기 때문에 1과 2 사이에 있는 수가 됩니다. 역시 입체를 분할해서 새로운 도형을 만들면 차원의 값은 3보다는 작지만 그 도형이 평면이 되는 것은 아니기에 2와 3 사이에 있는 수가 되는 것입니다.

이러한 차원을 '프랙털 차원'이라고 합니다. 이렇게 우리가 알고 있던 차원을 새로운 도형에 적용시키려면 차원이라는 개념이 가지고 있는 속성을 찾아내야 합니다. 그 속성을 그대로 새로운 도형에 적용시키면 우리가 알고 있는 값과는 다른 값이 나오지만 그 속에서도 여전히 변화되지 않는 성질이 있음을 알 수 있습니다. 공통된 성질을 탐구하는 것 역시 원리를 탐구하는 중요한 방법입니다.

오개념으로 i의 원리 탐구하기

원리를 탐구하는 또 하나의 방법은 오개념에서 무엇이 잘못됐는지를 발견하는 것입니다. 다음 식을 살펴봅시다.

$$\frac{1}{-1}=\frac{-1}{1} \cdots ①$$
$$\frac{\sqrt{1}}{\sqrt{-1}}=\frac{\sqrt{-1}}{\sqrt{1}} \cdots ②$$
$$\frac{1}{i}=\frac{i}{1} \cdots ③$$
$$i^2=1 \cdots ④$$

이미 4장과 5장에서 허수의 정의와 특징을 살펴봤으므로, 위 식에서 결론으로 도출된 $i^2=1$이라는 식이 옳지 않다는 것을 단번에 알아챘을 것입니다. $i^2=-1$이 옳은 식이지요. 위의 과정에서 어떤 부분이 잘못됐을까요?

①의 식에서 좌변 $\frac{1}{-1}$과 우변 $\frac{-1}{1}$이 같다고 표현한 것은 잘못되지 않았습니다. 그리고 ③의 식에서 $\sqrt{1}=1$로 표현하고 $\sqrt{-1}=i$로 표현

한 것도 옳지요. 그렇습니다. 문제는 바로 ②의 식에 있습니다. ②의 식의 어떤 점이 문제가 될까요?

여기에서 $a>0$, $b<0$일 때, $\frac{\sqrt{a}}{\sqrt{b}}=\sqrt{\frac{a}{b}}$가 성립하지 않는다는 원리를 염두에 두어야 합니다. 그런데 ①의 식에서 ②의 식으로 넘어갈 때 이 원리를 간과했던 것입니다. $-\frac{5}{6}$라는 분수를 예로 들어 생각해봅시다. 먼저 마이너스 부호를 분자에 적용해서 $\frac{-5}{6}$라고 하고, 이 분수의 분모와 분자 각각에 근호를 씌우면 $\frac{\sqrt{-5}}{\sqrt{6}}$가 됩니다. 이 식은 i를 이용하여 $\frac{\sqrt{5}i}{\sqrt{6}}$로 간단하게 쓸 수 있습니다.

이번에는 마이너스 부호를 분모에 적용하는 경우를 생각해봅시다. 즉, $\frac{5}{-6}$라는 분수의 분모와 분자 각각에 근호를 씌우면 $\frac{\sqrt{5}}{\sqrt{-6}}$가 되고, 이 식은 $\frac{\sqrt{5}}{\sqrt{6}i}$로 쓸 수 있습니다. 이때 분모와 분자에 i를 모두 곱하면 $-\frac{\sqrt{5}i}{\sqrt{6}}$가 되어, 마이너스 부호를 분모와 분자 중 어디에 적용하느냐에 따라 근호를 씌웠을 때 서로 다른 값이 된다는 것을 알 수 있습니다. 그런데 ②의 식에서는 서로 다른 두 식을 같다고 했기 때문에 잘못된 결론이 나온 것입니다.

이처럼 수학에서 잘못된 결론을 도출하는 경우는 중간 과정에서 잘못된 원리 또는 법칙을 적용했기 때문입니다. 따라서 실수를 하게 되면 어떤 부분이 잘못됐는지를 찾아보는 연습을 하는 것이 중요합니다. 수학에서는 답을 구하는 것 자체가 중요한 것이 아니라 답을 이끌어내는 과정이 중요하다는 것도 바로 같은 점을 지적하고 있지요. 한 단계 한 단계 올바른 원리와 법칙을 따라가면 어느새 수학을 즐기는 자신을 발견하게 될 것입니다.

삶은 수학
조용한 힘, 끈기

벤저민 프랭클린Benjamin Franklin, 1706~1790은 "기운과 끈기는 모든 것을 이겨낸다"고 말했고, 나폴레옹 1세Napoléon 1, 1769~1821는 "승리는 가장 끈기 있는 자에게 돌아간다"고 말했습니다. 끈기의 중요성을 강조한 말들입니다. 《채근담菜根譚》에도 비슷한 구절을 찾아볼 수 있습니다. "새끼줄로 톱질을 해도 나무가 잘리고, 물방울이 떨어져도 돌을 뚫는다"라는 구절입니다. 이것은 목표를 향한 중단 없는 걸음만이 문제를 해결하는 위대한 힘의 근원임을 보여줍니다. 수학사를 되짚어보아도 끈기를 통해 발견된 여러 수학의 원리와 법칙을 찾을 수 있습니다.

예를 들어, 허수의 등장은 한 사람만의 노력에 힘입은 것이 아니라 많은 사람의 끈기 있는 노력에 의한 산물이라고 할 수 있습니다. 수 세기 전 사람들은 방정식 $x^2+1=0$의 해가 존재하지 않는다고 생각했습니다. 이것을 해결하려는 첫 번째 시도는 1545년 이탈리아의 카르다노가 합이 10이고 곱이 40인 두 수를 찾으려고 했을 때 이루어졌습니다. 즉, 이차방정식 $x^2-10x+40=0$에 근의 공식을 적용하

• 《채근담》 중국 명나라 홍자성(홍응명洪應明)이 쓴 어록語錄이다.

면 5+√-15와 5-√-15의 두 근을 구할 수 있는데, 카르다노는 이 값들을 찾을 수 없었기 때문에 근의 의미를 알지 못했습니다. 하지만 그는 형식적인 방법으로 계산하면 존재하지 않는 이 수들이 문제의 조건에 맞는다는 것을 알고 흥미를 느꼈습니다.

시간이 지남에 따라 음의 제곱근으로 나타나는 수가 점점 더 많이 등장했습니다. 이를 복소수 $x+yi$로 받아들이는 데 결정적인 계기 두 가지가 있습니다. 첫 번째는 1800년경 $x+yi$를 기하학적으로 간단히 해석할 수 있다는 사실이 밝혀진 것입니다. 1797년 덴마크의 측량가 카스퍼 베셀Casper Bessel, 1745~1818, 1806년 스위스의 수학자 장 아르강Jean Argand, 1768~1822, 1831년 독일의 수학자 가우스는 각자 독립적으로 연구한 결과 $x+yi$를 직교좌표평면에 좌표가 (x, y)인 점 P로 표현할 수 있게 됐습니다. 예를 들어, $2+3i$는 x 좌표가 2, y 좌표가 3인 곳에 점을 찍어 나타낼 수 있게 된 것입니다. 이제 복소수 $2+3i$는 점 P(2, 3)으로 나타내면서 동시에 하나의 선분 OP로 나타낼 수 있게 됐습니다. 이처럼 직교좌표평면에 나타낸 복

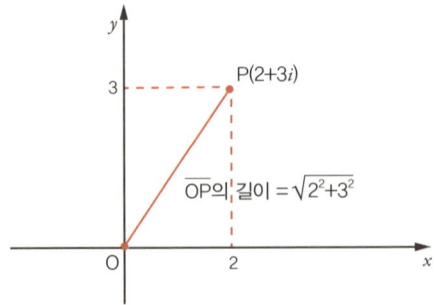

소수에 대해 기하학적 해석까지 할 수 있게 됐습니다. 예를 들어, i는 직교좌표평면에서 점 (0, 1)에 대응되는데, 이것은 점 (1, 0)을 반시계 방향으로 90°만큼 회전시킨 결과입니다.

두 번째는 복소수에 특정 연산 규칙을 적용할 수 있는 방법이 만들어졌다는 것입니다. 영국의 수학자 윌리엄 해밀턴William Hamilton, 1805~1865은 특정 연산 규칙을 만족하는 실수의 순서쌍을 취급할 수 있는 방법을 만들었고, 이탈리아의 수학자 봄벨리는 실수의 순서쌍을 이용하여 복소수의 연산을 정의했습니다. 봄벨리의 노력으로 복소수는 지금과 같은 현대적인 연산을 할 수 있게 됐습니다. 이와 같은 수학자들의 노력은 '상상의 수'로서의 복소수의 신비스런 모습에 활기를 불어넣었습니다.

복소수를 받아들일 수 있게 되면서 새로운 발견도 이루어졌습니다. 대수학에서 "n차 다항 방정식은 언제나 n개의 근을 가진다"라는 정리가 발견됐고, 함수에도 복소수를 활용할 수 있게 되면서 수학이 다룰 수 있는 세상은 더욱 확장됐습니다. $x^2+1=0$의 해가 존재하지 않는다는 것을 그냥 그대로 받아들이고 이 문제에 대한 탐구를 하지 않았다면 이루어질 수 없었던 발견들입니다. 목표를 위해 포기하지 않는 끈기, 그것이 바로 수학의 출발점입니다.

스스로 해봐요

❶ $\frac{n_1}{m_1}$과 $\frac{n_2}{m_2}$라는 분수가 있을 때 두 분수의 중간값을 $\frac{n_1+n_2}{m_1+m_2}$로 정의합니다 (단, m_1, m_2, n_1, n_2는 0 이상인 정수). $\frac{0}{1}$과 $\frac{1}{0}$의 두 분수에서 각각의 중간값을 만들어나가면 다음과 같은 순서도를 만들 수 있습니다. 이 순서도는 1858년 독일의 수학자 스턴Stern과 1861년 프랑스의 시계 제작자인 브로콧Brocot이 각각 독립적으로 발견했습니다. 그래서 이것을 스턴-브로콧 나무Stern-Brocot tree라고 부릅니다. 스턴-브로콧 나무에 숨어있는 원리를 찾아봅시다.

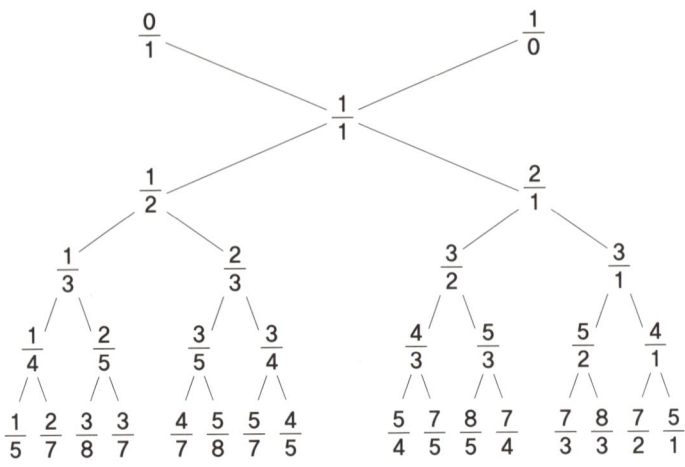

❷ 다음 그림들은 모두 프랙털 도형입니다. 각 프랙털 도형의 차원을 구하는 식을 세워봅시다.

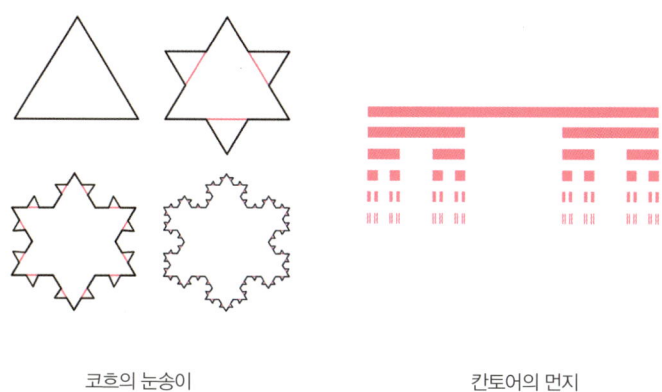

코흐의 눈송이   칸토어의 먼지

❸ 세호는 방정식 $3\sqrt{x}+x+2=0\,(x>0)$의 해를 구하기 위해 다음과 같이 식을 풀어나갔습니다.

$$3\sqrt{x}+x+2=0 \cdots ①$$
$$3\sqrt{x}=-x-2 \cdots ②$$
$$9x=x^2+4x+4 \cdots ③$$
$$x^2-5x+4=0 \cdots ④$$
$$\therefore x=1,\ x=4 \cdots ⑤$$

세호가 구한 해, $x=4$를 ①의 식에 대입해보면 $3\sqrt{4}+4+2=12$가 되어 $12=0$이라는 잘못된 결론이 나옵니다. 또 $x=1$을 ①의 식에 대입해도 $3+1+2=6$이 되어 $6=0$이라는 옳지 않은 결과가 나옵니다. 위의 식에서 잘못된 부분을 찾아봅시다.

11장

감수성이 풍부하면 수학을 잘한다?

수학을 느끼자

자, 다음 질문을 보고 바로 대답해보세요.

- 내 방문의 높이는 어림잡아 얼마일까요?
- 우리 교실의 천장이 무너질 확률은 얼마일까요?
- 비 올 확률 40%의 날씨에는 우산을 가져가야 할까요?
- 정십이면체의 겨냥도를 그려볼 수 있나요?
- 4차원은 어떻게 생겼을까요?

수학 교과서	11장에 사용된 개념
중학교 1학년	함수, 평면도형, 입체도형
중학교 2학년	일차함수, 확률
중학교 3학년	이차함수
고등학교	확률

왜 그렇게 대답했나요? 그 답에 대해 얼마나 자신 있나요?

비 오는 날에 슬픈 음악을 듣는다거나, 길가에 핀 들꽃을 보면서 자신의 처지를 생각하거나, 흘러가는 구름을 보며 우수에 젖는다거나 하는 것은 감수성이 풍부한 경우의 예입니다. 감수성感受性은 말 그대로 외부 자극에 대해 예민하게 반응하는 것으로 민감성이라고도 할 수 있습니다. 그렇다면 감感이란 무엇일까요?

> 옷 입는 감각이 있다.

> 음악을 만드는 감각이 있다.
> 춤추는 감각이 있다.
> 음악은 언어 감각을 높여준다.

이와 같은 예들이 바로 감각, 감입니다. 〈생활의 달인〉이라는 TV 프로그램에서는 어떤 일을 능숙하게 해내는 달인을 소개하는데, 그들이 가지고 있는 것 또한 감입니다. 그와 같은 사람들은 몇십 년 동안 연습하고 반복하면서 감이 생긴 것입니다. 수학에도 이러한 감이 필요한데, 이것은 훈련하고 연습하면 얼마든지 기를 수 있습니다. 그렇다면 수학에서의 감수성이라는 것은 무엇일까요?

수학에서의 감수성은 다름이 아닌 수학을 다루는 데 사용되는 수, 양, 측정, 공간 등에 대한 감각, 민감성이라 할 수 있습니다. 수학 학습은 문제를 풀고, 추측하여 정당화하는 활동이 중심이 되지만 그 바탕에는 바로 앞서 이야기한 감각의 예민함이 기본이 됩니다. 감성적인 지각처럼 대상의 전체를 직접적으로 파악하는 것을 '직관'이라고 하는데, 이 직관은 여러분이 답을 예상하거나 문제 풀이의 실마리를 찾는 데 중요한 역할을 합니다. 단지 식을 사용하여 문제를 해결하는 것이 아니라 직관적으로 어떤 개념, 그 식이 가지고 있는 의미 등을 파악한 후에 문제에 접근하면, 수학을 훨씬 잘 이해하고 응용할 수 있을 것입니다.

수학 감수성을 기르는 직관 계발하기

그렇다면 수학 감수성을 높이고 직관을 일깨우는 방법에는 무엇이 있을까요? 수 감각, 공간 감각, 확률 감각, 이 세 가지로 나누어 살펴봅시다.

수 감각 키우기

수학이 말 그대로 수를 대상으로, 수로 연구하고 학습하는 학문이라면 수 감각은 필수적입니다. 수 감각 number sense 한 발짝 더 275쪽 이란, 수를 포함하는 상황과 그 상황에서 수를 어떻게 사용할지에 대한 의미를 개발하는 것과 관련이 있습니다. 수 감각은 단순히 연산을 잘하는 능력을 의미하는 것이 아닙니다. 특히 오늘날은 과거에 비해, 수천분의 1과 같은 아주 작은 수에서부터 수백 조 원에 달하는 정부 예산처럼 아주 큰 수까지 광범위한 수를 보다 다양한 상황에서 컴퓨터나 계산기라는 새로운 도구를 이용하여 다루고 있습니다. 더 이상 연산 능력이 우리가 수학을 하는 데 있어 중요한 목적이 되지 않습니다. 지금처럼 훌륭한 연산 도구가 있는 기술공학의 시대에는 수 감각을 가지고 있는지, 그렇지 않은지가 사람과 컴퓨터를 구분하는 주요 잣대가 될 수 있습니다.

수학적 직관을 가진 사람들은 자신이 알고 있는 개념, 설명, 변형된 규칙들을 매우 유연하게 응용할 수 있으며, 이전에 접해보지 못한 문제를 다양한 방식으로 해결할 수 있습니다. 이때의 직관은 사유 작용 없이 대상을 직접적으로 파악하는 것으로, 이해력을 필요로 합니다. 따라서 수 감각은 수가 사용되는 상황에 대한 직접적인 이해라고 할 수 있으며, 수 감각에서 가장 중요한 것은 수를 이해하는 것입니다. 수의 의미와 관계를 알고, 수의 상대적 크기를 알며, 수를 연산하는 효과와 일상에서 수로 나타낸 양과 측정감에 대한 이해력을 말합니다.

수 감각은 인간이 태어나면서부터 가지게 되는 감각은 아니고 성장하면서 발달합니다. 그 발달은 특정한 활동뿐 아니라 학교 안팎의 모든 경험을 통해 이루어지지요.

여러분의 어린 시절을 돌이켜 생각해보세요. 1, 2, 3, …의 수가 지금은 굉장히 친숙하게 느껴지지만, 그 수를 이해하고 활용하여 1+1=2, 1+2=3, …의 연산을 하기까지 어린 시절의 꽤 오랜 시간을 보냈었습니다. 그런데 이젠 능숙하게 수를 다루지요. 그런가 하면 어느새 알고리즘이나 수업 시간에 배운 방식들에 익숙해져서 이미 개발된 수 감각을 사용하지 못하거나 발달시키지 못하는 경우도 있습니다.

예를 들어 25×48을 구해봅시다. 여러분은 어떻게 계산하나요? 세로 셈으로 바꾸어 각 자릿수의 곱을 이용하는 방법을 선택했나요? 물론 그것이 틀린 것은 아닙니다. 그러나 수 감각이 발달된 사람이라면 25와 같은 값인 $\frac{100}{4}$을 이용하여 다음과 같이 손쉽게 계산해낼 수도 있습니다.

$$\frac{100}{4} \times 48 = 100 \times \frac{48}{4} = 100 \times 12 = 1200$$

수 감각에 대한 감수성은 다음 세 단계에 따라 적용해볼 수 있습니다. 이때 문자로 나타내기 단계는 필요한 경우에는 사용하지만, 꼭 거쳐야 하는 단계는 아닙니다.

> 관찰하기 ⇨ 공통점 찾아내기 ⇨ 문자로 나타내기

1단계. 관찰이 첫 출발!

자, 이제 수 감각을 키우려면 어떻게 해야 할지 구체적으로 살펴볼까요? 수 감각의 내용적인 면은 수, 계산, 어림으로 구분해볼 수 있습니다. 이 가운데 수의 이해는 수의 의미와 수의 크기를 이해하는 데서 출발합니다. 이것은 자연수, 분수, 소수 등과 같은 다양한 형식의 수 개념과 그런 수를 나타내는 기호 표현을 이해하는 것을 포함합니다.

그러나 이보다도 우선되는 것이 있습니다. 다음 수들을 딱 10초간만 바라보고 기억하세요. 그리고 책을 잠시 덮고 이 수들을 다시 떠올려 말해보세요.

1 4 9 1 6 2 5 3 6 4 9 6 4 8 1

어떤가요? 모두 기억할 수 있나요? 위의 수들을 모두 기억해냈다면 여러분은 정말 훌륭합니다. 그러나 모두 기억하지 못했더라도 실망할 필요는 전혀 없습니다. 사람의 단기 기억은 용량의 한계가 있어서 기억하기 쉬운 묶음의 단위인 7±2 단위까지만 기억한다고 합니다.

그래서 아마 '14916253' 정도까지는 외웠다가 그 이후 잘 생각이 안 났을 것입니다. 전화번호가 여덟 자리를 넘어가지 않는 것도 이 때문이지요.

2단계. 공통점 찾아내기

앞에서 주어진 수를 짧은 시간에 모두 기억하는 것이 이론적으로 불가능한 것이라면 왜 기억해보라고 했을까요? 다시 한 번 이 수를 관찰해보세요. 의미 없는 수의 나열이 아니라 자세히 관찰해보면 다음과 같이 그 특징을 찾을 수 있습니다.

1, 4, 9, 16, 25, 36, 49, 64, 81

어떻습니까? 특징을 이미 발견했나요? 1^2, 2^2, 3^2, 4^2, … 모두 자연수의 제곱의 형태로 나타난다는 것입니다.

3단계. 문자로 나타내기

지금까지의 결과를 바탕으로 제곱수를 문자로 나타내면 n^2(n은 자연수)입니다. 수 감각의 기본은 적극적인 관찰에 있습니다. 물론 관찰은 공간이나 확률에 대해서도 마찬가지로 중요합니다. 수의 이해의 폭을 넓히기 위해서는 다양한 상황에서 수를 다루는 데 관심을 두고 생활 속에서 감각을 개발해야 합니다.

공간 감각 키우기

우리는 공간에 살고 있습니다. 그래서 공간을 잘 안다고 생각하지요. 조각가 헨리 무어Henry Moore, 1898~1986는 색채를 식별하지 못하는 색맹보다 형태를 지각하지 못하거나 식별하지 못하는 형태맹이 더 많다고 말했습니다.

여러분 역시 입체도형과 관련하여 학습에 어려움을 느끼며 종종 오해하기도 할 것입니다. 이러한 주된 이유 중 하나는 2차원의 표현을 3차 공간으로 구조화하거나, 3차원의 물체를 2차원으로 표현하고 각 표현들 사이의 관계를 이해해야 하는 복잡한 과정이 포함되기 때문이지요.

공간 감각은 주변의 상황과 어떤 물체에 대한 직감을 말합니다. 즉, 대상이 되는 도형을 마음속으로 조작할 수 있는 능력입니다. 대상과 부분 사이의 관계를 이해하며, 그 대상을 여러 방향에서 다양한 방법으로 인식하는 능력과 함께 자신의 위치를 파악하는 것을 포함합니다. 공간 감각에 대한 감수성은 다음 세 단계에 따라 연습하여 개발할 수 있습니다.

관찰 실험하기 ⇨ 형상화하기 ⇨ 구체물 만들기

1단계. 관찰이 첫 출발!

그럼 공간 감각을 키울 수 있는 방법은 무엇일까요? 우리가 축구할 때 사용하는 축구공은 어떤 도형으로 이루어져 있을까요? 축구공은 어떤 특징을 갖고 있을까요? 항상 가까이 있었던 물건인데, 머릿속으로 그리려니 잘 생각이 나지 않지요? 축구공은

축구공은 정오각형과 정육각형으로 이루어진, 구에 가까운 준정다면체이다.

구에 가깝지만 정이십면체를 잘라서 생긴 준정다면체입니다. 관찰은 공간 감각을 키우는 가장 중요한 요소입니다.

그렇다면 여러분이 알고 있는 정다면체는 몇 개인가요? 그렇습니다. 모두 5개뿐입니다. 정다면체는 모든 면이 정다각형으로 이루어지고, 각 꼭짓점에서 만나는 면의 수가 똑같은 볼록한 입체도형이지요. 그래서 정다면체를 이루는 정다각형은 정삼각형, 정사각형, 정오각형이고, 이러한 정다각형으로 이루어진 입체도형은 5개뿐입니다.

여러분은 중학교 1학년 과정에서 정다면체에 대해 꼭짓점의 개수, 면의 개수 등을 탐구한 경험이 있을 것입니다. 아마 직접 만들어보기도 했을 것입니다. 그렇다면 이번에는 정다면체를 평면에 직접 그려볼까요?

입체도형의 보이지 않는 모서리는 점선으로 처리하고 그 도형의 모양을 잘 알 수 있게 그린 그림을 도형의 겨냥도라고 합니다. 5개의 정다면체의 겨냥도를 한번 그려보세요.

자, 모든 정다면체의 겨냥도를 그릴 수 있나요?

정사면체	정육면체	정팔면체
정십이면체	정이십면체	

보통 정사면체, 정육면체, 정팔면체까지는 수월하게 잘 그립니다. 또 대부분 정육면체는 평평한 모서리의 방향이 왼쪽 아래를 향하게 하고, 정팔면체는 서 있는 모습으로 그렸을 것입니다.

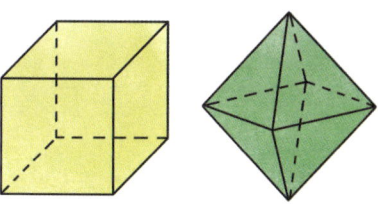

자주 봤던 모양이고, 그리기가 쉽다는 이유로 그렇게 그렸을 수도 있지만 우리가 이 도형들을 다른 방향에서 생각해보지 않았다는 것을 나타내기도 합니다. 정육면체를 평면 위에 놓고 다양한 방향에서 관찰해보세요. 그리고 정팔면체는 실제로 평면 위에 놓으면 서 있을 수 없고 평평한 면으로 놓이게 됩니다.

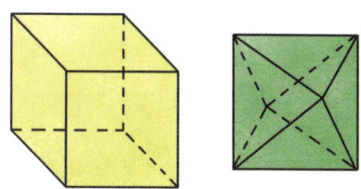

한편, 정십이면체, 정이십면체는 면을 이루는 정다각형도 알고, 한 꼭짓점에 모이는 다각형의 수도 알며, 전체 면의 개수 등 많은 정보를 알고 있음에도 그리기가 쉽지 않았을 것입니다.

왜 그럴까요? 도형의 논리적 구조는 잘 알고 있는데 정작 그 도형을 그릴 수 없는 이유는 바로 우리의 관찰이 부족하기 때문입니다. 다음은 정십이면체와 정이십면체를 다양한 방향에서 관찰하여 그린 것입니다.

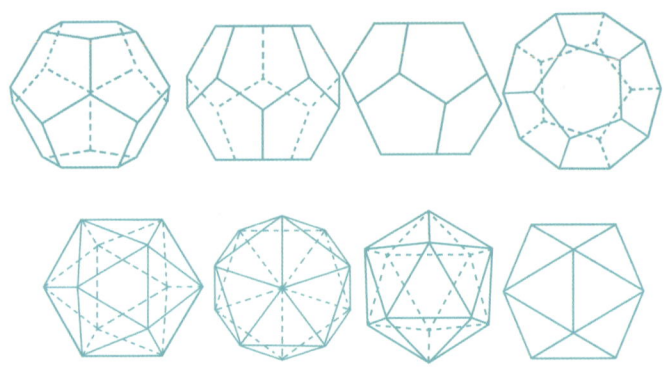

모두 겨냥도로 손색이 없습니다. 그래도 이 중 어느 것이 그 도형의 구조를 분명히 보여주며 그리기도 쉬울까요?

정이십면체를 함께 그려봅시다. 정이십면체의 한 꼭짓점을 중심으로 위에서 내려다보면 정삼각형이 한 꼭짓점에 5개가 모여 오각형을 이루는 것을 알 수 있습니다. 따라서 오각형에서 시작해보지요.

먼저 오각형을 그리고, 오각형의 중심에서 5개의 정삼각형을 구분합니다. 그리고 먼저 그린 오각형의 모서리의 중점에서 밖으로 삼각형의 나머지 꼭짓점을 표현하면 정면에서 보이는 입체도형이 완성됩니다. 이제 보이지 않는 부분을 점선으로 그릴 차례예요. 외부

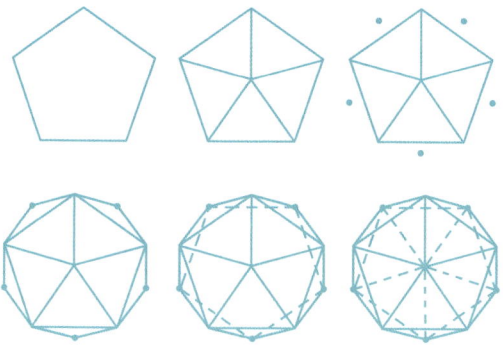

로 나온 각 꼭짓점들을 연결하면 또 다른 삼각형이 연결되고 최종적으로 중심을 향해 점선을 그어 삼각형을 구분하면, 정이십면체 겨냥도가 완성됩니다.

2단계. 형상화하기 – 상상하여 그리기

직접 만들어보고 관찰해보는 활동을 통해 감각적 경험이 쌓이면 상상으로 그려보는 연습을 해봅시다. 다양한 관찰을 통해 익숙한 그림을 선택하여 사용하기보다 이제는 수학의 개념을 바탕으로 생각하여 머릿속 그림을 그리고, 이를 구체적으로 표현하는 활동을 하는 것이지요.

우리가 사는 공간을 3차원이라고 하는 것은 우리가 생활하고 있는 물리적 공간 속의 모든 점이 세 개의 독립된 좌표축에 의해 세 수의 쌍으로 일대일 대응시킬 수 있기 때문입니다. 즉, 우리의 공간은 세 개의 직각으로 만나는 축으로 설명될 수 있습니다. 이 세 개

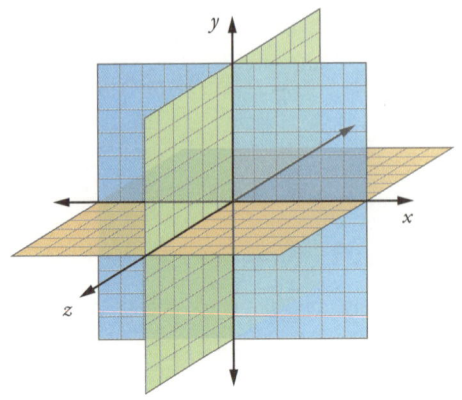

공간은 3개의 축이 직각으로 만나는 3차원이다.

의 축을 기본으로 다음에서 설명하는 도형을 상상하여 그려봅시다.

A. 세 측면에서 모두 원 모양인 도형

B. 세 측면에서 모두 정사각형인 도형

C. 세 측면에서 모두 삼각형인 도형

D. 한 측면에서 원 모양, 다른 두 측면에서 사각형인 도형

E. 한 측면에서 정사각형, 다른 두 측면에서 삼각형인 도형

F. 한 측면에서 삼각형, 다른 두 측면에서 사각형인 도형

G. 한 측면에서 원 모양, 다른 두 측면에서 삼각형인 도형

H. 한 측면에서 사각형, 다른 두 측면에서 원 모양인 도형

I. 한 측면에서 삼각형, 다른 두 측면에서 원 모양인 도형

J. 한 측면에서 원 모양, 또 한 측면에서 삼각형, 나머지 한 측면에서 사각형인 도형

눈치 챘겠지만 A에서 설명하고 있는 '어느 방향에서 보아도 원인 것'은 구입니다. B는 정육면체, C는 삼각뿔, D는 원기둥, E는 사각뿔, F는 삼각기둥, G는 원뿔이 될 것입니다.

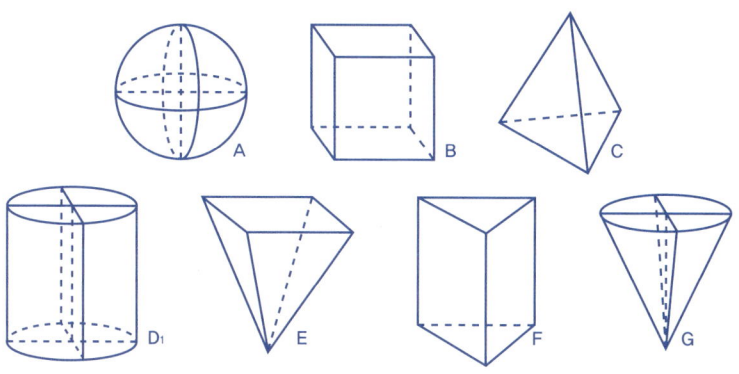

물론 D의 경우는 다음과 같은 다른 모양도 생각할 수 있습니다.

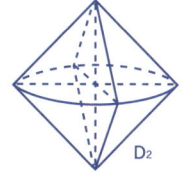

H~J는 상상하기가 쉽지 않을 것입니다. 그러나 이것도 앞서 제시한 3차원의 축과 측면을 염두에 두고 생각하면 어떤 모양의 도형인지 떠올릴 수 있을 것입니다. H의 경우, 위에서 내려다본 두 측면에서 원을 그리고 정면으로 바라본 한 측면에서 사각형을 그리거나,

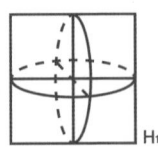 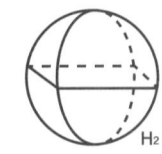 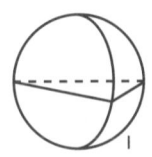 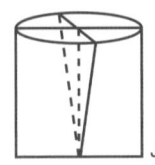

두 측면에서 원을 그리고 위에서 내려다본 한 측면에서 사각형을 그리면 위의 그림과 같은 도형이 나올 수 있습니다.

상상하여 그리기 활동은 처음에는 낯설고 어려울 수 있지만 세 축과 세 평면에 대한 이해를 바탕으로 자주 연습하면 눈으로 보지 않아도 상상할 수 있게 될 것입니다.

3단계. 입체도형을 직접 만들자

관찰했던 대상물을 직접 만들어볼까요? 입체도형을 만드는 데 있어 우리가 가지고 있는 고정 관념은 바로 전개도입니다. 입체도형을 만들기 위해서는 우선 잘 그려진 전개도가 필요하다고 생각하지요. 다시 말해, 어떤 입체도형을 만들고자 하면 그 입체도형의 전개도에 집착하여 직접 전개도를 그리기도 하고 이미 웹 사이트 등에 게시되어 있는 전개도를 사용하기도 합니다. 물론 입체도형을 이해하는 데 있어 입체도형과 평면에 그려진 전개도의 관계를 이해하는 것은 중요합니다. 특히 기둥이나 뿔의 겉넓이를 구하는 일이나 둘레의 길이 등을 구하는 데 전개도가 매우 유용하지요. 그러나 정다면체에서는 그 전개도가 다양할뿐더러 모든 면이 똑같은 도형이므로 굳이 전개도와 입체도형의 관계를 이해하려는 것은 불필요한 단계일 수 있습니다. 즉, 입체도형을 만들 때 전개도가 반드시 필수적인 것은 아니지요. 복잡한 전개도가 오히려 입체도형을 관찰하는 데 걸림돌이 된다면 이를 과감히 비켜갈 필요도 있습니다.

정육면체는 오른쪽 그림과 같이 정사각형 6개로 만들 수 있습니다. 이렇게 흔히 그리는 전개도 외에 정육면체를 만들 수 있는 전개도는 몇 개나 될까요? 직접 정사각형들을 다양하게 조합하면서 찾아보세요. 같은 방법으로 정팔면체를 만들 수 있는 전개도는 몇 개인지를 생각해내는 활동도 해볼 수 있습니다. 정팔면체의 경우, 직접 만들어서 평평한 바닥에 놓으면 늘 교과서에서 익숙하게 봤던 정팔면체의 모습과는 다른, 앞서 살펴본 정팔면체의 새로운 모습도 볼 수 있습니다.

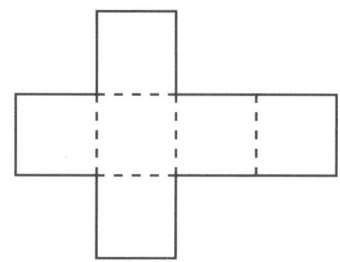

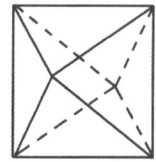 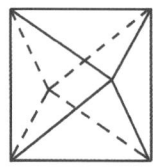

정이십면체의 경우는 두꺼운 도화지를 이용하여 정삼각형 20개를 만들고, 이것들을 투명 테이프로 이어붙여 만들 수 있습니다. 이

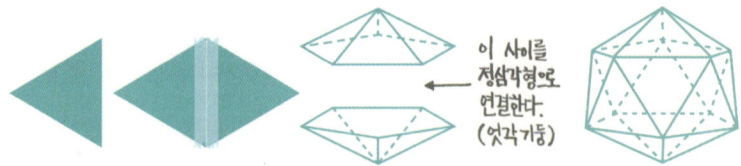

방법이 전개도를 이용하는 고전적인 방법보다 오히려 쉽고, 그 과정에서 교과서에서 접할 수 없는 정이십면체의 구조에 대한 새로운 성질(한 꼭짓점에 5개의 정삼각형이 모인 부분은 두 군데이며, 10개의 엇각기둥으로 연결되는 구조)도 알게 되어 흥미로울 수 있습니다.

이처럼 공간 감각을 키우고 입체도형을 이해하는 가장 좋은 방법은 이미 다 알고 있다는 생각을 버리고, 호기심 어린 눈으로 직접 보고, 느끼고, 상상하고, 그려보거나 만들어보는 것입니다. 이러한 경험은 입체도형의 이해를 풍부하게 할 뿐만 아니라 앞으로의 추상화된 공간 이해에 밑거름이 될 수 있습니다.

확률 감각 키우기

수, 도형과 함께 일상에서 흔히 접하는 수학의 하나가 확률입니다. 비가 올 확률, 복권 당첨 확률, 안타를 칠 확률과 같이 친숙한 일상적인 상황뿐만 아니라 의학적 처방같이 복잡한 상황을 모의실험하는 것도 확률을 기반으로 하고 있습니다. 여러분이 장차 전문적으로 확률을 다루는 일을 하지 않더라도, 삶 속에서 확률적인 요소를 포함한 상황이나 예측해야 하는 상황과 마주칠 것이며, 그러한 상황 속에서 확률적인 해석을 할 수 있어야 합니다.

확률의 세 얼굴

동전을 한 번 던질 때 앞면이 나올 확률은 얼마일까요? $\frac{1}{2}$이라고 쉽게 대답했나요? 그럼 실제 가지고 있는 동전을 두 번 던져보세요. 두 번 중 앞면이 몇 번 나왔나요? 이번엔 동전을 열 번 던져서 앞면이 몇 번 나올지 추측한 후 직접 시행하여 확인해봅시다. 자신의 추측이 맞았나요? 왜 이런 결과가 나올까요?

확률에는 세 가지 얼굴이 있습니다.

우리가 동전을 던질 때 앞면이 나올 확률을 $\frac{1}{2}$이라고 하는 것은, 앞면 또는 뒷면이 나올 모든 경우의 수에 대하여 앞면이 나올 경우의 수의 비로 구한 결과입니다. 이 경우에는 실제 동전을 던지는 시행을 할 필요가 없이 경험에 앞서 결정된 것입니다. 그러나 여기에는 개개의 경우가 일어날 가능성이 똑같다는 가정이 암묵적으로 전제되어 있습니다. 이것이 확률의 첫 번째 얼굴입니다.

확률의 첫 번째 모습에서 동전의 앞면이 나올 확률을 $\frac{1}{2}$이라고 할 때 그 동전은 어떤 동전입니까? 공평한 동전일 것입니다. 공평한 동전이라는 말의 표현에는 앞면과 뒷면이 나올 확률이 각각 $\frac{1}{2}$인 동전이라는 뜻을 포함하고 있습니다. 그러나 그러한 공평한 동전이 어디 있을까요? 실제로 주머니나 지갑에 들어 있는 동전들이 공평하다는 것을 어떻게 알 수 있을까요? 이 동전들이 경험 이전에 모두 앞면과 뒷면이 나올 확률이 똑같다는 것을 어떻게 보장할 수 있을까요? 실제의 구체적 동전에 대해서는 여러 번 던지는 시행을 반복하여 동전의 앞뒤가 나올 가능성이 대체로 똑같은 동전인지, 앞면이 잘 나오는 동전인지, 뒷면이 더 잘 나오는 동전인지를 추측해나갈 수밖에 없습니다. 이것이 확률의 두 번째 얼굴입니다. 이렇게 확률의 첫 번째 얼굴과 두 번째 얼굴에는 큰 차이가 있습니다. 하지만 서로 무관하지는 않습니다. 실제로 동전을 던지는 횟수를 크게 하여, 앞면이 나오는 사건이 일어날 상대도수가 점점 일정한 값에 가까워진다면 그 값을 앞면이 나올 확률이라고 할 수 있습니다. 잘 만들어진 동전이나 주사위 등은 실제로 아주 많이 던지면, 그 확률이 $\frac{1}{2}$과 $\frac{1}{6}$에 가까워집니다.

확률의 두 번째 얼굴을 윷놀이를 통해 더 자세히 생각해보지요. 윷을 던졌을 때 등이나 배가 나올 확률은 어떨까요? $\frac{1}{2}$이라고 할 수 있을까요? 이 경우의 확률은 확률의 첫 번째 얼굴인 모든 경우의 수에 대하여 그 사건이 일어날 경우의 수의 비로 구할 수 없습니다. 왜냐하면 등과 배가 나올 가능성이 똑같지 않다는 것을 윷 모양을 보면 쉽게 짐작할 수 있기 때문이지요. 실제로도 그렇습니다. 이 경우는 윷을 던지는 실험을 실제로 여러 번 반복해야만 그 확률에 대해 말할 수 있지요. 실제로 윷을 던지는 횟수를 크게 하여 등이나 배가 나오는 상대도수가 점점 일정한 값에 가까워진다면 그 값을 등이나 배가 나올 확률로 정하게 됩니다.

이쯤에서 이 장을 시작할 때 제시했던 문제들 가운데 다음 질문의 답을 생각해봅시다.

- 우리 교실의 천장이 무너질 확률은 얼마일까요?

모든 경우의 수에 대하여 그 사건이 일어날 경우의 수의 비로 간단히 생각하면 천장이 무너질 확률을 $\frac{1}{2}$이라고 말할 수 있습니다. 상상이 되나요? 천장이 무너질 확률이 50%라니, 얼마나 위험천만한 상황이겠습니까? 그러나 이 확률은 개개의 경우가 일어날 가능성이 똑같다는 가정을 전제한 것으로 전제 조건 자체가 얼토당토않으니, 이 경우 확률의 첫 번째 얼굴로 해석하는 것은 적합하지 않습니다. 실제로 천장이 무너질 확률은 극히 작으니까요. 비 올 확률 40%도 바로 확률의 두 번째 얼굴을 통한 통계적 확률입니다. 일정 기간 동안 똑같은 환경에서 비가 온 일수를 통계적으로 나타낸 것이지요.

확률의 마지막 얼굴을 다음 문제를 통해 생각해봅시다.

"수학 선생님에게는 자녀가 둘이 있습니다. 어느 소풍날 수학 선생님이 한 아이를 데리고 나와 아들이라고 소개했습니다. 수학 선생님의 다른 아이가 아들일 확률은 얼마일까요?"

두 아이의 출생이 서로 영향을 미치지 않는다면 아들이 아니면

딸일 것이라는 생각에 문제의 확률은 $\frac{1}{2}$이라고 답할 수 있습니다. 그러나 주어진 정보를 고려하면 확률은 $\frac{1}{3}$입니다. 왜냐하면 두 아이에 대해 가능한 경우는 첫째와 둘째 순으로 다음의 네 가지 경우가 있기 때문이지요.

아들-아들, 아들-딸, 딸-아들, 딸-딸

그런데 한 아이가 아들이라는 정보는 이미 주어졌으므로 네 번째 '딸-딸'의 경우는 불가능합니다. 즉, 고려해야 하는 전체 경우의 수는 3이 되지요. 따라서 한 아이가 아들일 때 다른 아이가 아들일 확률은 $\frac{1}{3}$이 되는 것입니다.

"수학 선생님에게 아이가 둘이 있습니다"라는 정보만 가지고 있었다면 어떻게 될까요? 이 경우는 전체의 경우의 수가 4가 되므로 둘 다 아들일 확률은 $\frac{1}{4}$이라고 말할 수 있습니다. 또 만일 여기에 "데리고 나온 아이가 첫째 아이"라는 정보까지 더해진다면 두 명 모두 아들일 확률은 전체 경우의 수가 2가 되어 그 확률은 $\frac{1}{2}$로 증가할 것입니다. 이렇듯 주어진 정보에 따라 동일한 사건에 대한 확률이 달라질 수 있다는 아이디어가 확률의 세 번째 얼굴입니다. 지금까지 살펴본 확률의 세 가지 측면을 통해 확률에 대한 감을 잡을 수 있을 것이고, 확률의 흔한 오류를 이해할 수 있을 것입니다.

한 발짝 더
수 감각을 키우는 방법

수 감각을 키울 수 있는 또 하나의 방법은 수들의 관계를 잘 파악하는 것입니다. 예를 들어, 17을 16보다 큰 수, 10+7, 20보다 3 작은 수 등과 같이 똑같은 의미를 갖는 동치식으로 나타내보는 것이지요. 이처럼 신속하게 동치식을 생각해내는 것은 어림 계산을 통해 문제를 해결하는 데 유용하게 쓰일 수 있습니다. 또 수 패턴의 인식은 수의 크기를 비교하고 인식하는 데 바탕이 됩니다.

수들의 관계에서 수와 양의 상대적 크기를 인식하는 능력도 중요합니다. 예를 들어, 1000의 크기를 이해하는 데 '1000까지 세는 데는 얼마나 걸릴까?', '만난 지 1000일째, 오래된 것일까?', '1000명의

학생은 어느 정도인가?' 등 스스로 질문을 던져 수에 대한 양감을 키울 수 있습니다. 또 수 감각을 키우기 위해서 연산에 대한 효과를 이해하는 것이 큰 도움이 됩니다. 예를 들어, 곱셈은 늘 그 수를 크게 만든다고 생각하기 쉬운데 주어진 수에 1보다 작은 수를 곱하는 경우에는 오히려 작아진다는 것도 경험하고 알아두면 좋겠지요. 평소에 주변 상황과 사물에 대해 어림잡아 보는 습관도 수 감각을 키우는 데 도움이 됩니다. 이때에는 기준이 되는 지시물을 활용하는 것이 편리합니다. 키가 156cm인 사람은 자신의 키를 이용하여 다른 사람의 키를 어림하거나 주변 사물의 크기를 어림하는 것이 좋을 것이고, 500000명의 관중을 수용하는 야구 경기장에 가본 적이 있는 사람은 다른 경기장의 관중 수를 어림하는 데 이 수를 이용하면 편리할 것입니다.

  스포츠 통계 수치, 돈의 사용 등 일상에서 다양한 수의 사용에 관심을 가지고 이러한 내용이 적절한지 또는 타당한지 판단하고 해석해보는 활동은 수 감각을 키우는 좋은 출발점이 될 것입니다.

삶은 수학
직관과 몰입

배우들은 연기할 때 자신이 맡은 배역에 몰입을 하려 애를 씁니다. 자신이 현재 가진 성격, 배경 등의 외부적 세계와는 차단한 상태로 가상 현실의 인물 속에 모든 심리, 지각 등을 집중하는 것이 필요하지요. 이를 통해 자신이 맡은 배역이 어떤 사람인지 직관적으로 느낄 수 있고, 연기를 할 수 있게 됩니다. 관객의 입장에서는 영화나 드라마, 연극을 볼 때 제3자의 입장이 아니라 마치 자신이 연기자가 된 듯 몰입해서 보면, 등장인물들이 겪는 사고나 사건의 진행을 쉽게 이해할 수 있습니다. 눈으로 보고, 귀로 들으며, 만져보고, 마음으로 느끼는 과정을 통해 주변 사물이나 상황에 대한 이해를 빨리 할 수 있는 것이지요.

수학 역시 몰입을 통해 담겨 있는 의미를 더 잘 이해할 수 있습니다. 특히 어떤 수학 정리를 증명할 때, 선생님이 바로 증명해서 보여주기보다는 여러분 스스로 직관적으로 생각해보라고 하는 경우가 많습니다. 이때 정리에 몰입하고 그동안 배웠던 지식들을 접목해본다면 우리의 직관은 빛을 발하게 됩니다. 직관적인 판단을 먼저 한 후에 이를 논리적으로 정리하는 과정을 거치면 수학은 결코 어려운 것이 아니라 친숙한 것, 쉽게 이해할 수 있는 것이 될 것입니다.

스스로 해봐요

❶ 친구와 함께 다음 제시된 예시 도형을 규칙에 맞게 설명하고 맞히는 놀이를 해봅시다.

〈규칙〉
- 해당 입체도형의 이름은 직접 이야기하지 않습니다.
- 정보를 충분히 주되 조건에 알맞게 설명합니다.
- "나는 ○○입니다"의 완성된 문장으로 다른 친구가 맞힐 수 있게 말합니다.
- 세 방법 중 하나의 방법으로 문제를 제시합니다.

(예시 도형) 정육면체

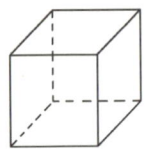

(방법1) 설명을 듣고 한 번에 맞힐 수 있도록 설명하기
(방법2) 설명을 듣고 세 번 만에 맞힐 수 있도록 설명하기
(방법3) 수학적 표현이나 모양에 대한 설명을 하지 않고 느낌이나 감정을 넣어 설명하기

❷ 측정의 기준 단위로 쓸 수 있는 주변의 물건이나 자신의 신체 일부를 측정하여 그 값을 알아봅시다.

❸ 주변 사물의 양을 어림잡아보고 실제로 측정을 통해 확인해봅시다.

1부 두근두근 수학적 문제 해결

1장 수학 돋보기로 세상을 보다

❶ 책의 수를 알아보기 위해서 책의 수에 영향을 줄 수 있는 요인으로 다음 세 가지를 꼽을 수 있습니다.
- 도서관 책장의 크기 : 직접 도서관에 가서 책장의 크기를 재봅시다. 예를 들어, 실제로 한 학교 도서관의 책장의 크기를 측정한 결과, 가로는 58cm, 세로는 37cm/1칸×5칸=185cm입니다.
- 도서관 책장의 수 : 도서관에 들어가 있는 책장의 수는 14개입니다.
- 책의 평균 두께 : 자신이 가지고 있는 책 몇 권을 가지고 책의 평균 두께를 구합니다. 예를 들어, 《두근두근 수학 공감》은 2cm, 《상상의 수를 찾아서》는 2.3cm, 《융합 : 수학+음악+미술》은 3cm이라면 이 세 권의 평균 두께는 약 2.4cm가 됩니다.

❷ 책장 한 칸에 들어가는 책의 수를 구하고, 책장의 수를 고려해서 책의 수를 구할 수 있습니다. 단, 한 칸에 책이 빼곡하게 들어 있지 않은 점을 고려해야 합니다.

❸ 한 칸에 들어갈 수 있는 책의 최대 수는 약 24권(=58cm÷2.4cm/권)입니다. 책장의 80% 정도만 책들이 꽂혀 있다고 가정하면 한 칸당 약 20권의 책들이 있고, 모든 책장의 칸의 수는 14개×5칸/개=70칸입니다. 따라서 현재 학교 도서관에 보관되어 있는 책의 수는 70칸×20권/칸=1400권임을 예상할 수 있습니다. 따라서 3년 동안 1400권을 모두 읽기 위해서는 한 달 동안 읽어야 할 평균 책의 수가 약 39권(=1400권÷36개월)이 됩니다.

❹ 도서관에서 어떤 책은 여러 권씩 있는 경우도 있습니다. 따라서 중복된 책을 고려한다면 더 나은 추정을 할 수 있을 것입니다. 또 책들의 종류별로 두께를 따로 측정한다면 책의 수를 좀 더 정확하게 알 수 있을 것입니다. 위와 다른 방법으로 실제로 한 칸에 몇 권의 책이 들어 있는지 세어본 후, 칸 수를 고려해서 책의 수를 구할 수도 있을 것입니다.

2장 선택의 기로에 선 수학

❶ 혜영이가 한 달에 사용하는 금액은 다음과 같이 구할 수 있습니다.

15×200+25×100+120×60×2.5=23500원

알뜰 요금제를 선택할 경우, 20000원이 무료로 지원되므로 3500원만 초과하여 15000+3500=18500원을 내면 됩니다. 우량 요금제를 선택할 경우, 23500원이 모두 무료 이용료에 포함되므로 기본요금 20000원을 내면 됩니다. 따라서 알뜰 요금제가 우량 요금제보다 1500원 적게 들므로 혜영이는 알뜰 요금제를 선택하는 것이 더 합리적입니다.

준수가 한 달에 사용하는 금액은 다음과 같이 구할 수 있습니다.

15×100+25×100+150×60×2.5=26500원

알뜰 요금제를 선택할 경우, 20000원이 무료로 지원되므로 6500원을 초과하여 15000+6500=21500원을 내면 됩니다. 우량 요금제를 선택할 경우, 26500원 모두 무료 이용료에 포함되므로 기본요금 20000원만 내면 됩니다. 따라서 우량 요금제가 알뜰 요금제보다 1500원 적게 들므로 준수는 우량 요금제를 선택하는 것이 더 합리적입니다.

❷ 문제의 주어진 조건에 따라 식으로 정리해보면 다음과 같습니다.

1. 영어와 사회를 각각 1시간 이상씩 반드시 공부해야 한다(영어 공부 시간=x, 사회 공부 시간=y).	$x \geq 1$, $y \geq 1$
2. 영어와 사회를 각각 1시간 이상 공부하고 난 후, 추가로 영어 또는 사회를 공부할 수 있는 시간은 최대 10시간이다(다른 시간은 집으로 이동, 휴식, 식사, 수면 등을 위해 사용).	$x+y \leq 10$
3. 그동안의 경험으로 미루어보아 영어를 1시간 공부할 때의 학습 효과는 사회를 1시간 공부할 때의 학습 효과의 1.5배이다.	$1.5x+y=k$
4. 영어와 사회 공부를 위해 10시간 동안 감당할 수 있는 최대 스트레스를 15라 하면, 영어 공부를 할 때 발생하는 스트레스는 시간당 3이고, 사회 공부를 할 때 발생하는 스트레스는 시간당 1이다.	$3x+y \leq 15$

세 번째 상황을 표현한 식인 $1.5x+y=k$에서 k는 학습 효과입니다. 결국 k를 최대화하는 x, y의 값을 구하면 됩니다. 방정식 $1.5x+y=k$를 y에 관하여 정리하면 $y=-1.5x+k$이고, 이것은 기울기가 −1.5, y절편이 k인 일차함수입니다. 기울기가 −1.5인 직선은 제한된 영역에 속하는 점들 가운데 (2.5, 7.5)를 지날 때, 최대의 y절편을 갖습니다. 따라서 참참이는 영어 공부를 2.5시간, 사회 공부를 7.5시간 하는 것이 합리적입니다.

3장 넌 문제 해결자? 난 문제 출제자!

❶

내가 만든 문제)
a. 상훈이는 마법카드 5세트를 세트당 600원에 구입했습니다. 상훈이가 쓴 돈은 얼마일까요?
b. 서영이가 한 세트에 500원인 한자카드를 구입하여 총 6000원을 지불했다면 구입한 카드 세트는 몇 개일까요?
c. 서영이가 한 세트에 500원인 한자카드와 한 세트에 600원인 마법카드를 각각 3개씩 구입했다면, 쓴 돈은 얼마일까요?
d. 서영이가 한 세트에 500원인 한자카드와 한 세트에 600원인 마법카드를 구입한 총 금액이 2800원이었다면, 구입한 각각의 카드 세트의 개수는 몇 개일까요?

a. 5×600=3000원
b. $500x=6000$, $x=12$개
c. 3×500+3×600=1500+1800=3300원
d. $500x+600y=2800$, x(한자카드)=2세트, y(마법카드)=3세트

❷ 이 수 배열에서 각 행의 모든 수의 합을 구하고, n번째 행에 나열된 수의 합은 1행이 1, 2행이 2, 3행이 4, 4행이 8, …로 이를 나열하면 1, 2, 4, 8, 16, 32, …입니다. 이 수열은 2의 거듭제곱으로 나타나고, 따라서 n번째 행의 합은 2^{n-1}이 됩니다.
이 결과를 변형하여 문제를 만들면 다음과 같습니다.

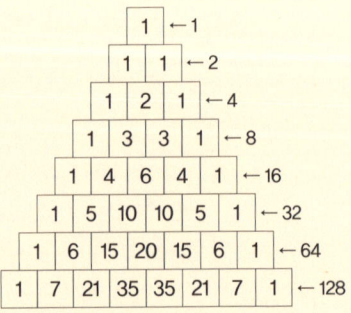

내가 만든 문제)
a. 이 삼각형에서 합이 1, 1, 2, 3, 5, 8, 13, 21, …이 되는 수 배열은 무엇일까요?
b. 이 수 배열에서 1부터 시작하여 연속되는 수의 합이 다른 수를 나타내는 방법으로 무엇이 있을까요?

a. 오른쪽과 같이 기울어진 대각선의 합입니다. 이 수 배열은 특별히 '피보나치 수'로 불립니다. 이 수 배열의 특징은 이전 두 항의 합이 다음 항과 같다는 것입니다(예를 들어 1+1=2, 2+3=5).

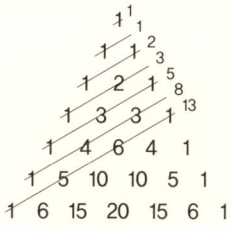

b. 이 수 배열에서 하키 스틱 모양의 배열의 합을 구하는 방법이 있습니다. 예를 들어, 오른쪽 그림을 보면 삼각형의 끝에 있는 1에서 대각선으로 나열된 수를 합한 값은 그 대각선의 끝에 있지 않은 인접한 값과 동일합니다.
1+6+21+56=84
1+7+28+84+210+462+924=1716
1+12=13

❸
내가 만든 문제)
a. 직각삼각형에서 직각을 낀 두 변의 길이가 3, 4일 때 빗변의 길이를 구해봅시다.

> b. 밑면이 한 변의 길이가 3인 정삼각형이고, 높이가 4인 입체도형의 부피를 구해봅시다.
> c. 두 변의 길이가 3, 4인 삼각형의 최대 넓이를 구해봅시다.
> d. 밑변의 길이가 3이고 높이가 4인 직각삼각형을 높이를 축으로 회전할 때 회전체의 부피를 구해봅시다.

a. 피타고라스 정리에 의해 $3^2+4^2=25=5^2$이므로 빗변의 길이는 5입니다.

b. 한 변의 길이가 3인 정삼각형의 넓이는 $\frac{\sqrt{3}}{2}\times(3)^2=\frac{9\sqrt{3}}{2}$ 이고, 높이가 4인 삼각뿔이므로 부피는 $\frac{1}{3}\times\frac{9\sqrt{3}}{2}\times4=6\sqrt{3}$ 입니다.

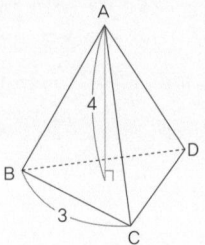

c. 두 변의 길이가 3, 4인 삼각형에서 그 끼인 각을 θ라 할 때 삼각형의 넓이는 $\frac{1}{2}\times3\times4\times\sin\theta$로 $\sin\theta$ 값이 1로 최대일 때 최대 넓이는 6이 됩니다.

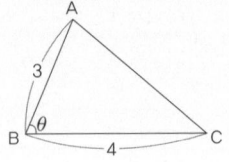

d. 밑변의 길이가 3인 직각삼각형을 회전한 회전체는 밑면의 반지름이 3인 원뿔이 됩니다. 따라서 원뿔의 부피는 $\frac{1}{3}\times3^2\times\pi\times4=12\pi$ 입니다.

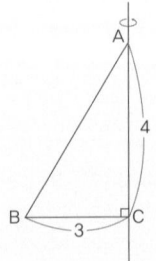

2부 두근두근 수학적 의사소통

4장 내가 직접 수학을 정의한다

❶

	도형	성질
a	2, 3, 4, 5, 6, 7, 9	직선으로 이루어진 닫혀 있는 도형
b	4, 7, 9	네 변으로 이루어진 도형
c	2, 3, 4, 9	꼭짓점을 연결한 선이 모두 도형 내부에 있는 도형
d	5, 6, 7	꼭짓점을 연결한 선이 도형 외부에도 있는 도형

❷

	이름 붙이기	정의
a	다각형	세 개 이상의 선분으로 둘러싸인 도형
b	사각형	네 개의 선분으로 둘러싸인 도형
c	볼록다각형	각각의 내각이 180°보다 작은 다각형 다각형의 어느 한 변의 길이를 늘여도 그 연장된 선이 다각형의 내부를 지나지 않는 다각형 대각선이 모두 도형 내부에 있는 다각형
d	오목다각형	하나 이상의 내각이 180° 이상인 도형 한 변 또는 여러 변의 길이를 늘일 때, 그 연장한 선이 그 도형 안을 통과하는 다각형 적어도 하나의 대각선이 도형 외부에 있는 다각형

❸

	도형	성질
a	1, 3, 5, 7	윗면과 아랫면은 다각형이고, 옆면은 사각형으로 이루어진 입체도형
b	2, 4, 6, 8, 9	윗면과 아랫면은 다각형이고, 옆면은 삼각형으로 이루어진 입체도형

❹

	성질	정의
a	각기둥	밑면이 정다각형으로 평행하고, 옆면은 직사각형으로 이루어진 입체도형
b	엇각기둥	밑면이 정다각형으로 서로 엇갈려 있고, 옆면은 삼각형으로 이루어진 입체도형

❺ 각기둥은 삼각기둥, 사각기둥, 오각기둥 등 평행한 윗면과 아랫면의 다각형의 이름을 따서 각기둥에 이름을 붙일 수 있으므로, 다각형의 종류만큼이나 다양하게 존재합니다. 그림에서는 삼각기둥, 사각기둥, 오각기둥, 육각기둥이 그려져 있습니다.

엇각기둥도 마찬가지로, 엇삼각기둥, 엇사각기둥, 엇오각기둥 등 다양한 종류가 있습니다.

5장 수학아, 내 안에 너 있다

❶

평행사변형
- 두 쌍의 대변의 길이가 각각 같습니다.
- 두 쌍의 대각의 크기가 각각 같습니다.
- 두 대각선이 서로 다른 것을 이등분합니다.
- 한 쌍의 대변이 평행하고, 그 길이가 같습니다.

직사각형
- 네 각의 크기가 모두 직각으로 같습니다.
- 두 대각선은 길이가 서로 같고, 서로 다른 것을 이등분합니다.

마름모
- 네 변의 길이가 모두 같습니다.
- 두 대각선은 서로 다른 것을 수직 이등분합니다.

정사각형
- 네 각의 크기가 모두 직각으로 같고, 네 변의 길이가 모두 같습니다.
- 두 대각선의 길이가 서로 같고, 서로 다른 것을 수직 이등분합니다.

❷

사각형의 종류	도형을 보고 느낀 점
평행사변형	평행사변형에서는 불안정하다는 느낌을 받을 수 있습니다. 한편, 진취적이고 약동하는 느낌을 가질 수도 있습니다.
직사각형	조화롭고 안정적이며 균형이 잡혀 있다는 느낌을 가질 수 있습니다.
마름모	날카롭고 불안정하다는 느낌이 들지만, 네 변의 길이가 같아 매사 공평하다는 느낌도 듭니다.
정사각형	단단하고 완전하다는 느낌이 드는 반면, 변하지 않을 것 같다는 느낌도 가질 수 있습니다.

❸

사각형의 종류	벌어진 가상의 상황
평행사변형	착하고 친절한 친구들을 만났을 때, 마음이 끌리는 사람을 만났을 때(기울어져 있으므로)
직사각형	친구들과 마음이 잘 통할 때(한쪽으로 기울어지지 않고 조화롭고 안정적이므로)
마름모	친구들과 다퉜을 때(날카롭게 생겼으므로), 모든 사물을 공정하게 바라볼 때(네 변의 길이가 똑같으므로)
정사각형	어떤 관점에서 봐도 공평한 마음의 상태를 가졌을 때 (어떤 방향에서 봐도 똑같은 모양이므로)

6장 세상은 온통 자료다

❶ • 국가별 대중교통 이용 시 주로 휴대폰을 사용하는 사람의 수는 한국이 760명, 중국이 759명, 일본이 541명, 대만이 543명입니다.
• 대중교통 이용 시 주로 휴대폰을 사용하는 사람들 중 스마트폰을 가지고 있으면 독서량이 늘어난다는 의견에 동의하는 사람의 수는 한국이 760×0.48=364.8명, 중국이 759×0.44=333.96명, 일본이 541×0.2=108.2명, 대만이 543×0.46=249.78명입니다. 이와 같이 두 번째 표에서 적극 동의하는 비율 순서는 한국, 대만, 중국, 일본 순이고, 두 표를 함께 해석하면 한국, 중국, 대만, 일본 순입니다.
• 적극 동의와 동의를 스마트폰이 독서량을 늘리는 데 긍정적인 의견으로 해석한다면, 한국이 760×0.76=577.6명, 중국이 759×0.7=531.3명, 일본이 541×0.62=335.42명, 대만이 543×0.82=445.26명입니다. 따라서 두 표를 함께 해석하면 한국, 중국, 대만, 일본 순으로 바로 위의 해석과 같습니다.

❷

한국, 중국, 일본, 대만의 4개국에서 대중교통 이용 시 휴대폰을 사용하는 2603명 가운데 국가별 해당 인원 비율을 나타낸 그래프

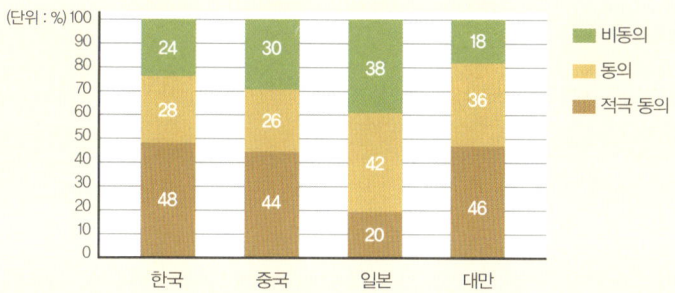

국가별 대중교통 이용 시 휴대폰 사용하는 사람들을 대상으로, 스마트폰을 가지고 있으면 독서량이 늘어난다는 것에 대한 의견을 나타낸 그래프

가운데 그래프는 적극 동의와 동의를 스마트폰 사용이 독서량을 늘리는 데 긍정적인 의견으로 해석할 때의 국가별 해당 인원 비율을 나타낸다. 가운데 그래프를 중심으로 밖에 있는 네 개의 원그래프는 국가별 스마트폰 사용에 따른 독서량 증가에 대한 의견을 보여준다.

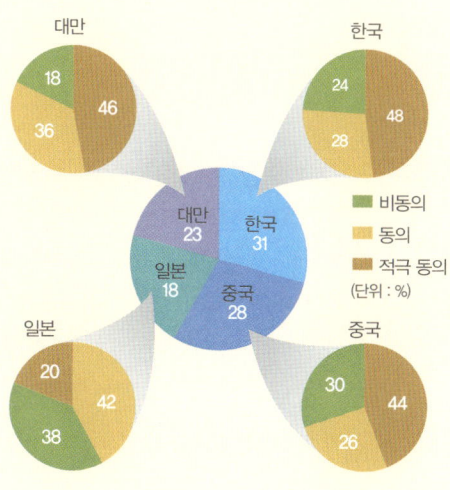

7장 스토리텔링으로 수학하기

❶ 대상 : 정다면체(정사면체, 정육면체, 정팔면체, 정십이면체, 정이십면체)
  수학적 성질 : 정다각형으로 이루어져 있습니다. 즉, 모든 면이 합동입니다. 정다면체는 다섯 개뿐으로, 다른 다면체는 정다면체가 될 수 없습니다.

❷ 느낌 : 정다면체는 모든 면이 합동이므로 통일감을 느낄 수 있습니다. 반면 모든 면이 똑같고, 다른 형태의 면이 없어서 답답함이 느껴지기도 합니다. 정다면체는 꽉 차 있어 완벽한 것 같습니다.
  스토리텔링 방법 : 수학 연극

❸ 정팔면체의 독립 선언

> 역할 분담
> - 해설 : ○○○
> - 정사면체 : ○○○
> - 정육면체 : ○○○
> - 정팔면체 : ○○○
> - 정십이면체(엄마) : ○○○
> - 정이십면체(아빠) : ○○○

해 설 : 정다면체의 마을에 사는 정사면체, 정육면체, 정팔면체, 정십이면체, 정이십면체는 너무나 완벽하여 다른 입체도형의 부러움을 한 몸에 받으며 살아가고 있습니다. 그러던 어느 날 정팔면체는 너무나도 완벽하고 틀에 박힌 자신의 모습이 답답하게 느껴져 가족들에게 자신의 속마음을 솔직히 털어놓습니다.
정팔면체 : 나는 정다면체로 사는 것이 너무나 답답해.

정사면체 : 오빠, 다른 도형들이 우리를 얼마나 부러워하는데, 그런 복에 겨운 소리를 해?

정육면체 : 그래, 형. 우리는 모든 면이 완벽한 정다각형이잖아.

정십이면체 : 한 꼭짓점에서 만나는 모서리의 개수 또한 똑같고, 모든 게 완벽하잖니?

정팔면체 : 왜 모든 것이 똑같아야 하지? 난 나만의 개성을 갖고 싶단 말이야.

해   설 : 어느 날 밤, 정팔면체는 깊은 잠에 빠져들어 꿈을 꿉니다.

정팔면체 : 아빠, 난 자유롭고 싶어요.

정이십면체 : 우리 아들, 그렇게 힘들었니? 그럼 자유를 찾아서 여행을 떠나보렴.

정팔면체 : 네, 아빠. 전 떠나겠어요!

(10년 후)

정이십면체 : 아들아, 여행을 드디어 마쳤구나!

정팔면체 : 네, 아버지. 전 세상을 경험하여 비로소 제 모습을 찾았아요. 절 이제 "깎은 정팔면체"라고 불러주세요.

3부 두근두근 수학적 추론

8장 나만의 패턴 만들기

❶
문제	설명
4, 6, 2, 6, 4, 12, 8, (24), 16, 48, …	홀수 번째 수는 앞의 두 수의 차로 만들고, 짝수 번째 수는 앞의 두 수의 최소공배수로 만듭니다.

❷
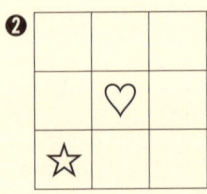

❸ 9에 다른 수를 곱하여 생긴 수의 자릿값의 합은 항상 9가 됩니다.

❹ $y=2x+1$의 함수로 표현되고, 'x의 값이 1씩 늘어날 때 y의 값은 2씩 늘어난다', 'x의 값이 2씩 늘어날 때 y의 값은 4씩 늘어난다', 'x를 2배해서 1을 더하면 y가 나온다' 등 다양한 패턴이 있습니다.

❺ 원 둘레에 36개의 점을 찍어 파란 선은 10칸 떨어진 점을 연결하고, 빨간 선은 14칸 떨어진 점을 연결합니다.

❻ (예시)

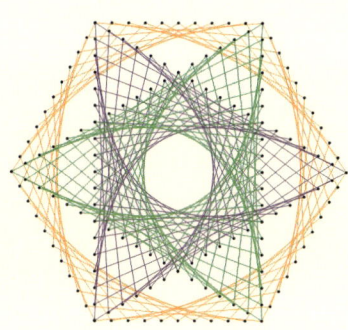

9장 수학 관계를 네트워킹하라

❶ 예를 들어, A(2, 3, 4)와 같이 세 개의 숫자를 사용하여 순서쌍으로 나타낼 수 있습니다.

❷ $x^2-4x+3=(x-1)(x-3)$이므로 이 방정식의 해는 $x=1$ 또는 $x=3$입니다. 이것은 $f(x)=x^2-4x+3$의 그래프가 x축과 만나는 점과 일치합니다.

❸ 직육면체의 대각선의 길이를 l이라 하면 다음과 같이 구할 수 있습니다.

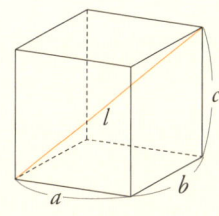

$$l=\sqrt{a^2+b^2+c^2}$$

10장 수학의 원리를 찾아서

❶ 스턴-브로콧 나무에 나타난 분수들은 모두 한 번씩만 나타나고 다시 반복되는 경우가 없습니다. $\frac{n_1}{m_1}$과 $\frac{n_2}{m_2}$가 연속된 분수라고 하면 $m_1 n_2 - m_2 n_1 = m_1 m_2$가 성립하고 $\frac{n_1}{m_1} < \frac{n_1 + n_2}{m_1 + m_2} < \frac{n_2}{m_2}$도 성립합니다. 또 이 분수식은 끝없이 계속 진행됩니다.

❷ 코흐의 눈송이 : 선분의 길이가 $\frac{1}{3}$이 되는 선분이 각각의 선분마다 4개씩 생기므로 $3^n = 4$를 만족하는 n의 값이 차원이 됩니다. 즉, $n = \log_3 4 ≒ 1.26$이 됩니다.
칸토어의 먼지 : 선분의 길이가 $\frac{1}{3}$이 되는 선분이 각각 2개씩 생기므로 $3^n = 2$를 만족하는 n의 값이 차원이 됩니다. 즉, $n = \log_3 2 ≒ 0.63$이 됩니다.

❸ 세호는 ①의 식을 ②의 식으로 바꾸었는데 이때 좌변은 항상 양수입니다. 반면, 우변은 양수인지 음수인지 알 수 없어 좌변과 우변을 같다고 할 수 없습니다. 실제로 $x > 0$일 때, $y = 3\sqrt{x}$와 $y = -x - 2$의 그래프를 그려보면 서로 만나지 않으므로 실수해가 존재하지 않음을 알 수 있습니다.

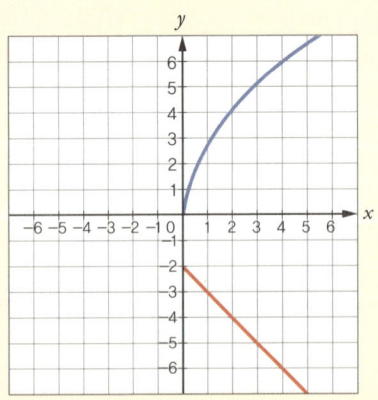

$x > 0$일 때, $y = 3\sqrt{x}$의 그래프(푸른색)와 $y = -x - 2$의 그래프(붉은색)

11장 감수성이 풍부하면 수학을 잘한다?

❶ (방법1)에 대한 예시 답안 : 나는 위든, 옆이든, 앞이든 어느 방향에서 봐도 정사각형인 도형입니다. 나는 면이 모두 똑같은 모양이고 여섯 면을 가지는 입체도형입니다.
(방법2)에 대한 예시 답안 : 나는 위에서 보면 정사각형인 도형입니다. 나는 옆에서 볼 때도 정사각형입니다. 나는 앞에서 볼 때도 정사각형입니다.
(방법3)에 대한 예시 답안 : 나는 안정적이면서 듬직하며, 균형을 잃지 않는 모습을 지니고 있습니다. 나는 얼굴에 점을 붙여 사람들과 함께하는 것이 즐겁습니다.

❷ 내 집게손가락 한 마디 : 2.5cm
내 보폭(한 걸음 너비) : 45cm
내 한 뼘 : 15cm

❸ 학교에서 사용하는 책상의 폭과 너비, 텔레비전 화면의 크기, 전기밥솥의 부피 등을 어림잡아본 후, 실제로 측정하여 어림값과 비교해봅시다.

감사의 말

이 책이 독자들에게 전해지기까지 많은 분의 노력이 있었습니다. 우선 이 책의 완성도를 높이기 위해 면밀히 검토해주신 서울대학교 수리과학부 김홍종 교수님께 감사드립니다. 원고를 한 줄 한 줄 읽어주신 한동대학교 김성옥 교수님과 이상은 선생님(상도중)께도 감사의 말씀을 전합니다.

이 책을 집필하는 작업에 끝까지 함께할 수 없었지만 초기 아이디어 작업에 참여한 경기과학고등학교의 박재희, 조경희, 김소연 선생님께도 감사드립니다. 이 책의 모태가 되는 한국과학창의재단 연구과제의 공동연구원 권수경(수원외고), 장혜경(서울고), 김미주(하나고), 김아미(운양고), 박귀희(부흥고), 최성이(중대초), 조지영(서울방송고), 윤현경(미국 애리조나주립대학교 수학교육과 박사과정), 정재훈(영동일고) 선생님께도 감사드립니다. 연구 기간 동안 20명의 연구원들이 관악에서 벌인 지적이고 열띤 토론이 이 책을 태동하게 했습니다. 초기의 원고를 검토하는 과정에서 날카로운 비평을 해준 서울대학교 수학교육과 석사과정 김유정(덕수중), 조미혜(창동중), 김은지(창북중), 김영기(양양여중) 선생님께도 감사드립니다.

 이 책의 저자들은 사제지간입니다. 길게는 20년, 짧게는 5년 동안 가르침과 배움의 여정을 함께하고 있는 지적 동반자 관계입니다. 사제동행師弟同行의 공동 집필 작업은 공자의 《논어》에서 '학이시습지 불역열호學而時習之 不亦說乎'로 표현한 그 기쁨을 느끼게 해주었습니다. 수학에 대한 배움, 수학교육에 대한 배움을 유지하고 그 배움을 사랑하는 제자들과 공유하며 나만의 것으로, 우리 것으로 체화해나가는 과정에서 느끼는 기쁨이 책을 읽는 청소년들에게 고스란히 전해지기 바랍니다.

 끝으로 이 책의 의도를 공감하여 책으로 출간하기로 하고, 책이 나오기까지 애쓴 해나무 편집부에도 감사드립니다.

권오남

찾아보기

ㄱ

가우스, 칼 100, 121, 193, 202, 248
《걸리버 여행기》 167
겨냥도 252, 262, 264~265
고차방정식 101
골드바흐, 크리스티안 192~202
　~의 추측 192
공간 감각 260~261, 270
광년 17
구 168~173, 186
구고현 정리 68~69
《구장산술》 68
그래프 이론 78
그륀베르크, 페터 32

ㄴ

나움 가보 곡선 201, 207

ㄷ

닮음 15, 77
대수학 84~85, 226~227
데카르트, 르네 201, 226~227
　~ 좌표(카르티시안 좌표) 227
등비수열 165
등차수열 83
디오판토스 74, 84~85
　~ 방정식 85~86
　~ 해석학 86

ㄹ

러셀, 버트런드 161, 163~164

　~의 역설 161~163

로그 16~17

ㅁ

만델브로트, 브누아 186

멩거 스펀지 240~241, 243~244

모집단 139, 152~153

무리수 74, 76, 178

ㅂ

벤 다이어그램 51, 211

복소수 100, 106, 121, 248~249

봄벨리, 라파엘 100, 102~104, 249

비유클리드 기하학 78

ㅅ

사각수 196~197

《산술론》 74~75, 84~85

삼차방정식 101, 103, 108~109, 221~222

　~의 근의 공식 103, 108

소수 79~80, 98~99, 114~116, 118, 120, 192

소인수분해 118~120, 223

　~의 유일성 99

수 감각 256~258, 260, 275~276

수비학 131~132

수학의 원리 234, 236

순다람 79~80

　~의 체 79~80, 83

순허수 122

스위프트, 조너선 167

스턴–브로콧 나무 250

스토리텔링 164, 166~168, 171, 177~178, 180

　~ 수학 164~166, 168, 176, 180

시에르핀스키 삼각형 240~244

　~ 카펫 244

신뢰구간 152

신뢰도 153~155

실수 104, 106, 121~124, 210~211, 213, 217~218

ㅇ

약수 98~100, 130~131

에라토스테네스의 체 80

연립방정식 214, 227

오일러, 레온하르트 77, 100, 121

와일스, 앤드루 32
완전수 130~131
《위대한 예술 또는 대수적 규칙,
하나의 책》 101~103
유리수 74, 210~211
《유씨구고술요도해》 69
유추적 사고 223~224
유클리드 기하학 78, 186
의사결정 38, 40, 58~59, 61
이등변삼각형 93
이차방정식 86, 100~101, 109,
121, 216~221, 231, 247
~의 근의 공식 217
이차함수 216~220
일차방정식 101, 215~216, 220
일차함수 213~215, 220
입체도형 95~98, 113, 168~169,
172, 240, 260~262, 268, 270

ㅈ

정사각뿔 96
정사면체 263
정수 68, 73~76, 85~86,
210~211
정십이면체 252, 263

정육면체 95~98, 168~173,
221~225, 241, 263, 267, 269
정이십면체 261, 263~265,
269~270
정팔면체 263, 269
조건부 확률 48, 51, 53, 55~56
《주비산경》 68
직각삼각형 67~68, 70, 72
직선의 방정식 213
진자 정리 68

ㅊ

차원 125~130, 224~225, 231,
240, 252, 265
초입방체 224~225
최대 전력 수요량 24~29
최대공약수 239
친화수 131

ㅋ

카르다노, 지롤라모 100~104,
221~222, 247~248
칸토어의 먼지 251
코흐의 눈송이 251
쾨니히스베르크 다리 문제 77

ㅌ

타르탈리아 221
탈레스 77
통계적 추론 152

ㅍ

파스칼, 블레즈 78
　~ 삼각형 88, 188
판별식 217~219
페르마, 피에르 드 75
　~의 마지막 정리 32, 74~75,
　77, 86
페르미, 엔리코 19, 30
　~ 추정 19~20, 30~31
평면도형 112, 168, 240
프랙털 186
　~ 차원 244, 251
피보나치수열 33, 204~205
피타고라스 67~68, 70, 74, 95,
　130
　~ 세 수 68, 76, 86
　~ 정리 67~68, 70~71, 73, 75,
　77, 231
　~학파 70, 73~74, 196

ㅎ

하디, 고드프리 188
합동 95, 97~98, 234
합성수 79~80, 98~99, 118, 120
항등식 109
해석기하학 227
허수 100, 102~103, 105~106,
　121~124, 177~178, 245, 247
헤론 121
확률 270~274
히파수스 74

두근두근 수학 공감

ⓒ 권오남 박지현 박정숙 오혜미 나미영 이지은 조형미 오국환

1판 1쇄	2013년 6월 28일
1판 6쇄	2024년 6월 1일

기획	권오남
지은이	권오남 박지현 박정숙 오혜미 나미영 이지은 조형미 오국환
펴낸이	김정순
책임편집	김소희 허영수
디자인	이혜령 김진영
일러스트	정원교 전수교
마케팅	이보민 양혜림 손아영

펴낸곳	㈜북하우스 퍼블리셔스
출판등록	1997년 9월 23일 제406-2003-055호
주소	04043 서울시 마포구 양화로 12길 16-9(서교동 북앤빌딩)

전자우편	henamu@hotmail.com
홈페이지	www.bookhouse.co.kr
전화번호	02-3144-3123
팩스	02-3144-3121

ISBN 978-89-5605-656-2 03410

◎ 사진 저작권 및 출처 : 23쪽 대전일보, 201쪽 (좌)Annely Juda Fine Art gallery (우)American Art at the Phillips collection
◎ 본문에 포함된 사진 및 통계는 가능한 한 저작권과 출처 확인 과정을 거쳤습니다. 그 외 저작권에 관한 사항은 해나무 편집부로 문의해주시기 바랍니다.